STERNBILDER DER WELT

» Das Weltall ist ein Kreis,
dessen Mittelpunkt überall,
dessen Umfang nirgends ist. «

Blaise Pascal

STEFAN LIEBERMANN
TILL MUNDZECK

STERNBILDER DER WELT

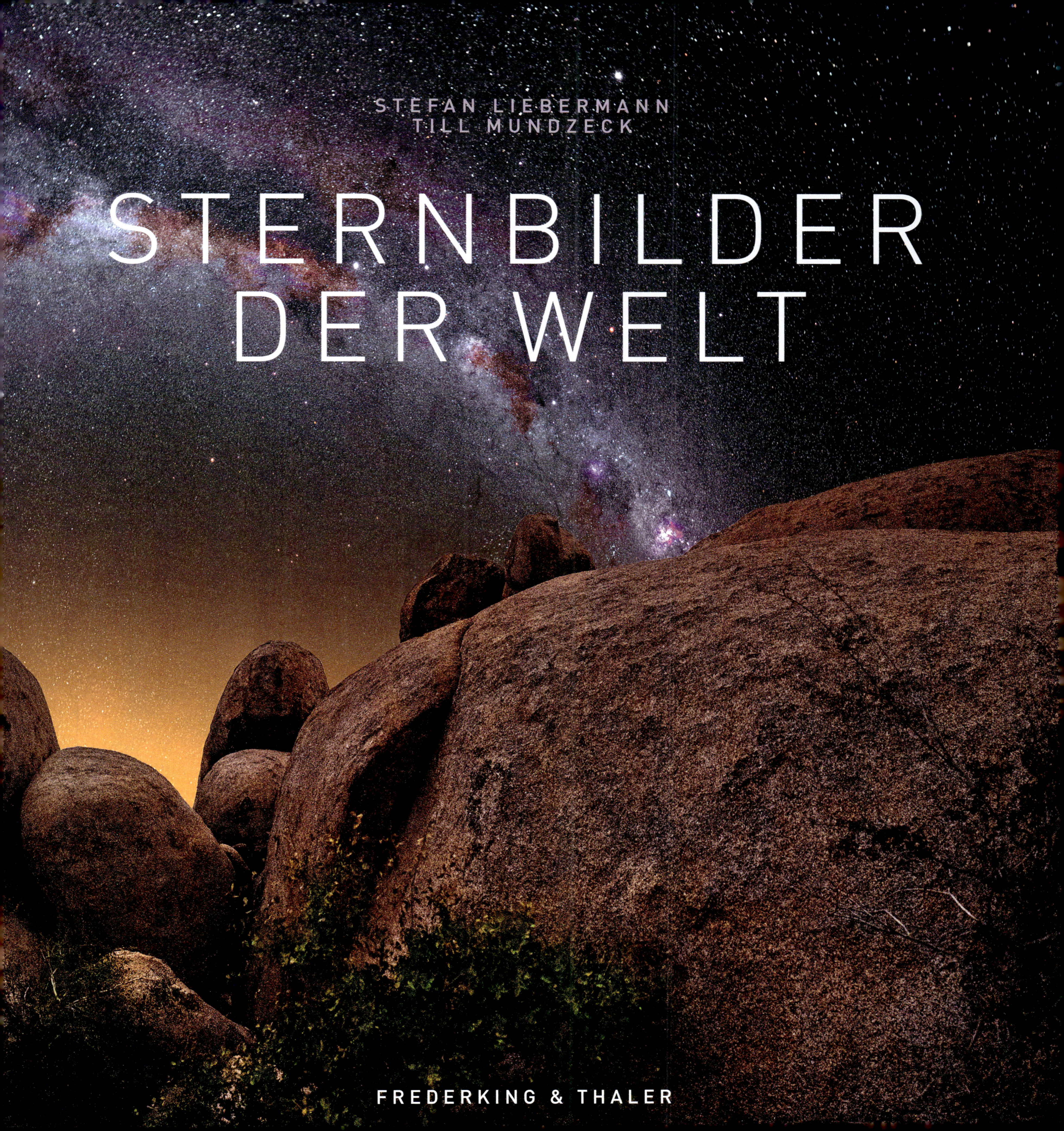

FREDERKING & THALER

INHALT

RIF. "A. LOCATELLI" ALLE TRE CIME
DREIZINNENHÜTTE

Nachtpanorama der Drei Zinnen *(vorhergehende Doppelseite)*; Nordlichter über dem Wasserfall Brúarfoss auf Island *(links)*; der Kirkjufell (Kirchberg) auf Island sieht zwar aus wie ein Vulkan, ist jedoch von Gletschern geschliffen worden *(oben)*.

Der Ayers Rock, ein gigantischer Monolith, ist das berühmteste Wahrzeichen Australiens und hat für die Aborigines spirituelle Bedeutung. In diesem Nachtpanorama spannt sich der Bogen der Milchstraße über den Felsen.

Gekonnt gesetzte Lichtquellen betonen die faszinierenden Formen der Bäume des Fanal auf Madeira zusätzlich *(oben)*. **Der Sternenhimmel leuchtet** über der größten Azoreninsel Sao Miguel *(rechts)*. Die Milchstraße über Affenbrotbäumen, den Baobabs von Madagaskar *(folgende Doppelseite)*.

DIE ENTDECKUNG DES HIMMELS

STONEHENGE, KOPERNIKUS UND DIE MODERNE ASTRONOMIE

Seit es uns Menschen gibt, schauen wir in die Sterne. Das funkelnde Firmament übt eine geradezu magische Faszination auf uns aus. Der Blick in den Himmel hat im Laufe der Jahrtausende zahlreiche Mythen hervorgebracht. Die Beobachtung der Gestirne ist aber vor allem von ganz handfestem Nutzen: Ihr Lauf kündigt die Jahreszeiten an und ist die Grundlage für die Zeitmessung und einen Kalender.

Prähistorisches Planetarium

Möglicherweise haben sich die Menschen bereits in der Altsteinzeit an den Sternen orientiert: So halten manche Forscherinnen und Forscher die Höhlenmalereien von Lascaux für die älteste erhaltene Darstellung des Sternenhimmels. Auf ihnen ist demnach unter anderem das sogenannte Siebengestirn abgebildet, der markante offene Sternhaufen der Plejaden, der damals zum Herbst über dem Horizont erschien und zum Frühlingsbeginn seinen höchsten Stand erreichte. Auch den Tierkreis, das Sommerdreieck aus den Sternen Atair, Deneb und Wega sowie die Frühlingsposition der Milchstraße könnten Steinzeitastronomen dort festgehalten haben. Manche Forscher sehen in der unterirdischen Galerie gar eine Art prähistorisches Planetarium. Die Interpretation der 1940 entdeckten Steinzeitmalereien ist allerdings ebenso umstritten wie die Bestimmung ihres exakten Alters. In beidem sind sich Expertinnen und Experten nicht einig, sie gehen jedoch davon aus, dass die Malereien mindestens 17 000 Jahre alt sind, möglicherweise sogar bedeutend älter.

Neolithischer Kalender

Als gigantischer neolithischer Kalender könnte auch der berühmte Steinkreis von Stonehenge gedient haben, der in der Jungsteinzeit vor mehr als 4000 Jahren errichtet worden ist. Über seinen Hauptzweck wurde und wird viel spekuliert. Alle Theorien stimmen jedoch darin überein, dass die Erbauer die Megalith-Formationen auf den Sonnenaufgang am Tag der Sommersonnenwende ausgerichtet haben. Damit zeigte der Steinkreis zumindest den Ablauf eines Jahres an. Er konnte aber möglicherweise noch mehr, wie der Brite Timothy Darvill im Fachblatt *Antiquity* erläutert hat. Ihm zufolge repräsentieren die ursprünglich 30 senkrechten Steine (Sarsen) 30 Tage eines Monats, der wiederum in drei Wochen mit je zehn Tagen unterteilt ist. Zusätzlich ist eine Art Schaltmonat mit fünf Tagen nötig, für den die fünf Steintore im Inneren des Kreises stehen. Wie in unserem Kalender wurde demnach auch damals schon alle vier Jahre ein Schalttag eingefügt, um auf die Länge des tropischen Jahrs von 365,25 Tagen zu kommen. Das tropische Jahr ist die Dauer zwischen zwei identischen Positionen der Sonne, also etwa von einer Sommersonnenwende bis zur nächsten. Es ist daher für die Jahreszeiten maßgeblich.

Ein Kletterer erklimmt die imposanten Felsformationen in rund 2000 Metern Höhe rund um den Vulkan Teide auf Teneriffa.

Bild: NASA, ESA, AURA/Caltech, Palomar Observatory

Die Maya begannen ihren Kalender bereits vor mehr als 5000 Jahren, im August 3114 v. Chr., und von den Babyloniern und Sumerern sind astronomische Aufzeichnungen aus dem vierten und dritten Jahrtausend vor unserer Zeitrechnung erhalten. Im Jahr 2137 v. Chr. wurde in China die erste Sonnenfinsternis identifiziert. Im alten Ägypten war die Astronomie stark religiös geprägt, diente aber auch zur Vorhersage der alljährlichen Nilschwemme. Ab etwa 2000 v. Chr. benutzten die Ägypter den Stern Sirius als Vorboten des Hochwassers. Tauchte Sirius in der Morgendämmerung auf, stand die Nilschwemme unmittelbar bevor.

Krimi um die Himmelsscheibe

Eine ganz besondere Himmelskarte stellte die Schweizer Polizei im Februar 2002 in einer krimireifen Aktion in einem Hotel in Basel sicher: Dort hatte sich der Landesarchäologe von Sachsen-Anhalt, Harald Meller, als vermeintlicher Kaufinteressent mit zwei deutschen Hehlern getroffen. Sie hatten versucht, die drei Jahre zuvor von Raubgräbern in Sachsen-Anhalt gefundene Himmelsscheibe von Nebra für 700 000 D-Mark zu verkaufen. Die Bronzeplatte, deren Alter auf 3700 bis 4100 Jahre geschätzt wird, gilt als älteste erhaltene konkrete Darstellung des Nachthimmels und ist von unschätzbarem Wert (2006 lag die Versicherungssumme bei 100 Millionen Euro). Auch sie zeigt vermutlich den Sternhaufen der Plejaden sowie den Vollmond und eine Mondsichel. Die goldenen Horizontbögen, von denen nur einer erhalten ist, könnten den Unterschied zwischen den Sonnenaufgängen am längsten und am kürzesten Tag des Jahres auf dem Breitengrad von Nebra markieren. Damit könnte die Scheibe in der Bronzezeit horizontal montiert als Kalenderinstrument gedient haben. Vielleicht war sie aber auch gar nicht im Einsatz und nur eine Demonstration, über welches Wissen die damaligen Himmelsbeobachter verfügten.

Ägyptischer Einfluss

Die Scheibe hat nicht nur die Vorstellung von der bronzezeitlichen Kultur im nördlichen Europa umgekrempelt, bemerkenswert sind auch die Untersuchungen des Materials, aus dem die Scheibe besteht. Analysen zufolge stammte das für die Scheibe verwendete Kupfer aus Erzminen bei Salzburg in Österreich, Gold und Zinn hingegen vermutlich aus Cornwall in England. Dies deutet auf

Die Höhlenmalereien von Lascaux *(oben links)*, die vor rund 17 000 Jahren entstanden sind, könnten bereits die Plejaden *(Mitte)* zeigen. **Die Himmelsscheibe** von Nebra, die im Landesmuseum Halle/Saale zu sehen ist, könnte vor rund 4000 Jahren zur Bestimmung der Jahreszeiten gedient haben *(oben rechts)*. **Sirius** ist der hellste Stern am Nachthimmel und hat in vielen Kulturen besondere Bedeutung *(rechts)*.

relativ weitreichende Handelsbeziehungen hin. Zudem gibt es verschiedene Interpretationen des dritten goldenen Bogens auf der Scheibe: Während manche eine Darstellung der Milchstraße vermuten, sehen andere darin die Sonnenbarke, mit der nach Vorstellung der alten Ägypter der Sonnengott Ra täglich über den Himmel fuhr. Das würde einen enorm weitreichenden Einfluss der ägyptischen Kultur zu jener Zeit nahelegen.

Geozentrisches Weltbild

Die klassische Astronomie begann schließlich im antiken Griechenland und wird oft auch als Beginn der Naturwissenschaften allgemein gewertet. Die griechischen Naturphilosophen führten die wissenschaftliche Beobachtung des Himmels ein, kartierten die Sterne und versuchten die Bewegungen der Gestirne wissenschaftlich zu deuten. Dabei flossen auch Daten und Wissen aus der Himmelsbeobachtung in Mesopotamien ein.

Die Vorstellung, dass die Erde frei im Raum schwebt, geht auf den ionischen Philosophen Anaximander zurück, der im sechsten Jahrhundert vor Christus lebte und Nachfolger des berühmten Thales von Milet war. Gemeinsam mit Pythagoras, der die Kugelform der Erde postulierte, legte Anaximander damit die Grundlage für das geozentrische Weltbild, in dem sämtliche Gestirne um die Erde kreisen und das mit Ptolemäus im zweiten Jahrhundert nach Christus seinen Höhepunkt fand.

»Gottlosigkeit«

Die Griechen hatten allerdings bereits Alternativen zum geozentrischen Weltbild entwickelt. Schon im vierten Jahrhundert vor Christus schlug Aristarch von Samos vor, dass die Erde um die Sonne kreist. Er wurde für diese »Gottlosigkeit« allerdings angeklagt und für mehrere Jahre verbannt. Herakleides Pontikos ersann einen Kompromiss, bei dem die inneren Planeten Merkur und Venus um die Sonne kreisen und die Sonne wie alle anderen Gestirne um die Erde. Die Pythagoreer, also die Anhänger der Naturphilosophie des Pythagoras, nahmen wiederum an, dass sich die Erde dreht und nicht die Sterne um die Erde kreisen. Sie konnten sich damit aber vorerst nicht durchsetzen.

Bereits Demokrit und Anaxagoras deuteten im fünften Jahrhundert vor Christus die Milchstraße als ein Band von Sternen, die nicht als Einzelsterne erkennbar sind, und Anaxagoras ging davon aus, dass die Sonne mindestens so heiß sein müsse wie ein glühender Stein.

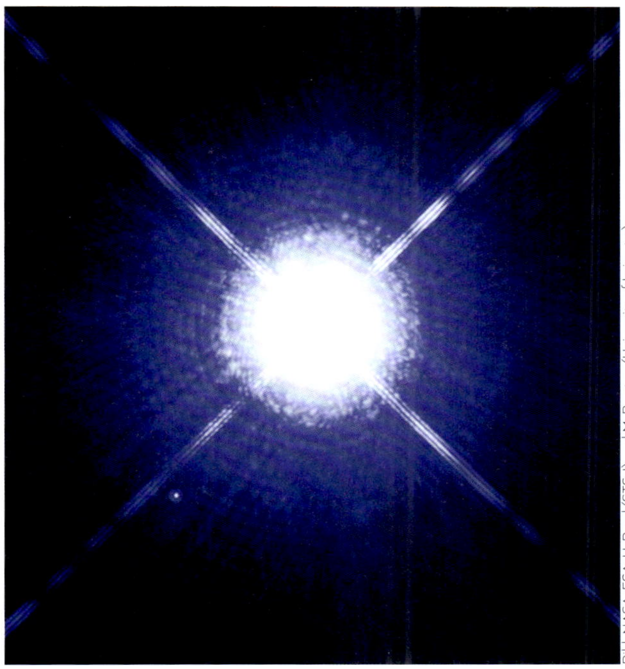

Bild: NASA, ESA, H. Bond (STScI), and M. Barstow (University of Leicester)

Standardwerk

Die griechischen Astronomen entwickelten zahlreiche Instrumente und Methoden, die zum Teil noch heute in Gebrauch sind. So geht etwa das himmlische Koordinatensystem auf die Griechen zurück, ebenso das System zur Einteilung der Sternhelligkeiten. Ptolemäus' *Almagest* wurde das astronomische Standardwerk bis zur Neuzeit. Die Griechen prägten nicht nur die Astronomie und das Weltbild für Jahrhunderte, Ptolemäus beschrieb im *Almagest* auch 48 Sternbilder, von denen 47 noch heute verwendet werden, darunter den Himmelsjäger Orion, Prinzessin Andromeda und den Helden Perseus sowie die zwölf Sternbilder des Tierkreises, die auch als Sternzeichen dienen. Das ptolemäische Sternbild Schiff (Argo) wurde später in Achterdeck (Puppis), Kiel (Carina) und Segel (Vela) aufgeteilt. Heute hat die Internationale Astronomische Union IAU den Nord- und den Südhimmel in insgesamt 88 verbindliche Sternbilder gegliedert.

Einschneidende Wendepunkte

Nach der Antike gab es zwei einschneidende Wendepunkte in der Astronomie. Der erste kam mit dem Krakauer Astronomen Nikolaus Kopernikus, der 1543 die Bewegung der Gestirne korrekt mit einem heliozentrischen Weltbild beschrieb. Diese Zäsur, auch als kopernikanische Wende bezeichnet, wird als Beginn der Neuzeit angesehen. Es dauerte allerdings Jahrzehnte, bis sich das heliozentrische Weltbild durchsetzte. 1609 veröffentlichte Johannes Kepler, Hofastronom in Prag, seine *Astronomia Nova*, in der er die Bewegungen der Planeten um die Sonne mathematisch korrekt beschrieb, was heute als erstes und zweites Keplersches Gesetz bekannt ist. Kepler hatte dazu die umfangreichen Aufzeichnungen seines Vorgängers ausgewertet, des dänischen Astronomen Tycho Brahe. Dieser galt als herausragender Beobachter und hatte Daten einzigartiger Präzision hinterlassen.

Galileische Monde

Anfang des 17. Jahrhunderts richtete Galileo Galilei als einer der Ersten das kurz zuvor vom deutsch-niederländischen Brillenmacher Hans Lipperhey erfundene Fernrohr auf den Himmel und entdeckte verschiedene Phänomene, die das heliozentrische Weltbild stützten. Darunter waren beispielsweise die Phasen der Venus, die ähnlich wie unser Mond mal als Sichel, mal als halbe und mal als fast volle Scheibe zu sehen ist – je nachdem, wo sie von der Erde aus gesehen auf ihrer Bahn um die Sonne gerade steht. Mit dem Fernrohr fand Galilei auch die vier großen Monde des Jupiters, die heute als galileische Monde bezeichnet werden.

Erfindung der Fotografie

Den zweiten Umbruch in der Astronomie begründete die Erfindung der Fotografie sowie der Spektroskopie im 19. Jahrhundert. Dank fotografischer Platten mussten Astronominnen und Astronomen das Gesehene nicht mehr zeichnen, um es auszuwerten und zu publizieren. Es konnte von nun an objektiv festgehalten werden, was beispielsweise die Bestimmung von Helligkeiten der Himmelskörper erleichterte. Auch die Eigenbewegungen von Gestirnen ließen sich damit besser messen. Heute eröffnet die Himmelsfotografie zudem auch Menschen ohne Fachkenntnis den Zugang zu den faszinierenden Welten des Sternenhimmels – nicht zuletzt durch dieses Buch.

Markante Linien

Mit der Spektroskopie haben sich Forscherinnen und Forscher eine ganz neue Art von Informationen über die beobachteten Himmelsobjekte erschlossen. Dazu spalten sie das Licht der Sterne in seine Regenbogenfarben auf, so wie etwa das Sonnenlicht an einer geschliffenen Glaskante ein buntes Spektrum erzeugt. Am einfachsten geht das mit einem optischen Prisma. In diesen Spektren lassen sich markante dunkle und helle Linien erkennen, die von einzelnen chemischen Verbindungen oder Elementen stammen. Anhand der Lage dieser Linien lässt sich das jeweilige Element feststellen, und wenn die Linie verschoben oder verbreitert ist, kann man daraus auch die Bewegung des beobachteten Objekts ablesen.

Bild: NASA

Sonnenelement Helium

Joseph von Fraunhofer erfand 1814 das Spektroskop und beobachtete die heute nach ihm benannten Linien im Spektrum der Sonne. Erst Jahrzehnte später ließen sich die Linien allerdings als Fingerabdrücke chemischer Elemente deuten. Die genauere Spektralanalyse des Sonnenlichts zeigte eine markante gelbe Linie, die sich keinem bekannten Element zuordnen ließ. Man nahm zunächst an, dass es nur in der Sonne existiere und nannte es Helium nach dem griechischen Wort für die Sonne, Helios. Erst Ende des 19. Jahrhunderts wurde Helium auch auf der Erde nachgewiesen.

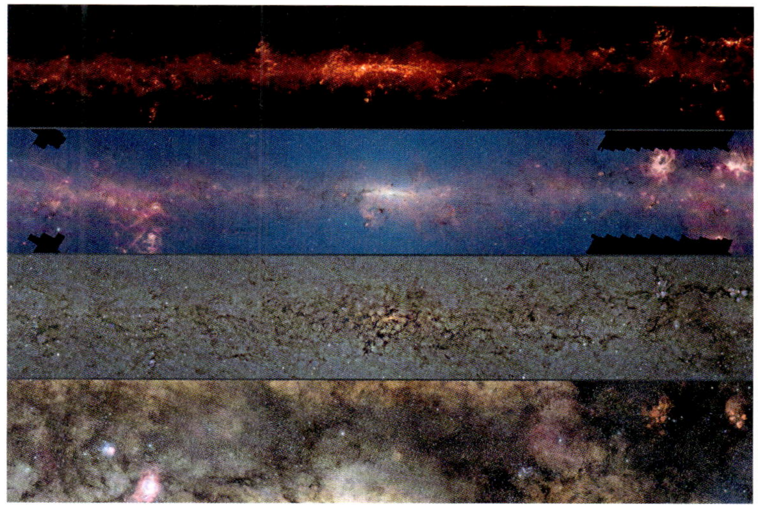

Bild: ESO/ATLASGAL consortium/NASA/GLIMPSE consortium/VVV Survey/ESA/Planck/D. Minniti/S. Guisard; Acknowledgement: Ignacio Toledo, Martin Kornmesser

Von Radiowellen bis Gammastrahlung

Mit der Spektroskopie begann die Astrophysik, die im Unterschied zur Astrometrie nicht nur die Positionen und Bewegungen von Himmelskörpern untersucht, sondern auch deren physikalische Eigenschaften. Heute lässt sich mithilfe der Spektroskopie sogar die Zusammensetzung der Atmosphären von Planeten ferner Sterne untersuchen. Und inzwischen haben sich Astronominnen und Astronomen neben dem sichtbaren Licht auch alle anderen Wellenlängen des elektromagnetischen Spektrums für die Beobachtung erschlossen. Von den langen Radiowellen bis zur kurzwelligen Gammastrahlung. Die verschiedenen Wellenlängen liefern dabei ganz unterschiedliche Einblicke.

Blicke in den Himmel

Observatorien zeigen den Kosmos heute in unerreichtem Detail. Die moderne Astronomie besteht allerdings oft mehr aus Daten als aus Bildern. Der Blick in den Sternenhimmel hat jedoch nichts von seiner Faszination verloren – sofern er sich noch bietet. Durch die zunehmende Lichtverschmutzung können vor allem Städter kaum noch die volle Pracht des nächtlichen Firmaments bestaunen. Dazu müssen Beobachter heute besondere Orte aufsuchen. Und sich Zeit nehmen. Die Himmelsbeobachtung ist eine langsame Beschäftigung. Sie belohnt Mühe und Geduld jedoch mit den fesselndsten Einsichten, die unser Universum zu bieten hat.

Das Hubble-Weltraumteleskop hat eine neue Ära der Himmelsbeobachtung eröffnet. *(links)*.
Die Zentralregion unserer Milchstraße in verschiedenen Wellenlängen: Submillimeterwellen, Infrarotlicht, nahes Infrarot und sichtbares Licht (v. o. n. u.) *(oben)*.

NORDPOLAR REGION

FEUER AM FIRMAMENT

AURORA BOREALIS – DIE MAGIE DER NORDPOLARLICHTER

Wenn der Himmel brennt, tanzen die Seelen der Toten. Und man stört sie besser nicht, wenn man sich nicht vorzeitig zu ihnen gesellen will. Dies glaubten die Samen in Lappland zu früheren Zeiten und vermieden es daher, sich unter den wabernden Nordlichtern im Freien aufzuhalten. Um das Polar- oder Nordlicht ranken sich unzählige Mythen. Wer es mit eigenen Augen gesehen hat, versteht, warum: lodernde grüne und rote und manchmal auch violette Vorhänge, Bögen und Bänder aus Licht, die geisterhaft über den Himmel wandern. Viele Völker sahen in ihnen die Geister der Toten, oft galten Polarlichter als schlechtes Omen, das Krieg, Krankheit und Tod ankündigte.

Ritt der Walküren

Für die Wikinger hingegen waren die lodernden Lichter Reflexe der schillernden Rüstungen der Walküren, die im Auftrag Odins unterwegs sind, die besten Krieger von den Schlachtfeldern der Welt nach Walhall zu geleiten. Dort bereitet sich der Göttervater auf seine größte Schlacht vor, Ragnarök, in der die Welt verschlungen und schließlich neu erschaffen wird. Nur die tapfersten Krieger sollen ihm beistehen.

Die Wirklichkeit ist viel nüchterner: Der brennende Himmel ist die Folge starker Sonnenaktivität. Vereinfacht gesagt, lässt ein energiereicher Teilchenstrom von der Sonne das Gas in der Erdatmosphäre fluoreszieren, ähnlich wie in einer Leuchtstoffröhre. Sauerstoff leuchtet dabei grün und rot, Stickstoff violett und blau. Die Grundfarben sind immer dieselben und durch physikalische Eigenschaften der Atome und Moleküle festgelegt. Polarlichter entstehen in einer Höhe von 100 bis 400 Kilometern über dem Erdboden. Es handelt sich also um ein irdisches Leuchtphänomen.

Himmelsschlitten

Das alles konnten frühere Kulturen nicht wissen und schufen sich ihre eigenen Deutungen. In Estland sahen die Menschen früherer Zeiten in den schillernden Lichtern prächtige Himmelsschlitten, die Gäste zu einer himmlischen Hochzeit brachten. Und einige Inuit-Stämme glaubten, die Geister Verstorbener beim Ballspiel mit einem Walrossschädel zu beobachten.

Rasender Feuerfuchs

Im Finnischen heißen Polarlichter »Revontulet«, wörtlich übersetzt bedeutet dies in etwa Fuchsfeuer. Der Name geht auf den Feuerfuchs zurück, eine sagenumwobene Version des Polarfuchses, die in der finnischen Folklore eine wichtige Rolle spielt. Je nach Version der Legende saust der Feuerfuchs so schnell durch die Tundra oder über den Himmel, dass sein Schwanz an Bergen oder herabhängenden Ästen und Büschen Funken schlägt, die den Himmel

Das »Arctic Henge« (Heimskautsgerðið) ist ein Denkmal des Künstlers Erlingur Thoroddsen in der kleinen nordisländischen Gemeinde Raufarhöfn am Polarkreis *(vorhergehende Seite)*. **Auf den Lofoten** in Norwegen lassen sich die tanzenden Polarlichter im Winter regelmäßig bewundern. Am Strand von Vik sind hier vom Mond beleuchtet die Berge Mannen und Vegen zu sehen *(rechts)*.

> » Die magnetischen Feuersäulen
> steigen aus dem Lichtbogen hervor
> und vereinigen sich
> in ein zuckendes Flammenmeer. «
>
> Alexander von Humboldt

entzünden. Charmanterweise steckt ein wortwörtliches Fünkchen Wahrheit in dieser Sage, denn das Fuchsfell kann sich in der trockenen arktischen Winterluft tatsächlich elektrostatisch aufladen und unter Umständen winzige Funken schlagen. Allerdings bei Weitem nicht intensiv genug, um irgendetwas zu entzünden, geschweige denn den Himmel.

Solare Sturmwolken

Im Detail ist die Entstehung der Polarlichter kompliziert, nicht alles an ihnen ist bislang vollständig geklärt. Die Hauptrollen spielen der sogenannte Sonnenwind und das Magnetfeld der Erde. Unser Stern, die Sonne, bläst einen dauerhaften Teilchenstrom ins All, den Sonnenwind. Er kann 500 bis 800 Kilometer pro Sekunde schnell sein und besteht vor allem aus Elektronen und Protonen, also den Bausteinen von Wasserstoffatomen. Die Heftigkeit des Sonnenwinds schwankt stark, er kann auch Sturmstärke erreichen. Bei einer Sonneneruption schleudert unser Tagesgestirn Sturmwolken von mehreren Dutzend Milliarden Tonnen Masse ins All.

Komplexes Stromnetz in der Atmosphäre

Das Magnetfeld der Erde leitet den Sonnenwind um unseren Planeten herum und schützt uns vor dem elektrisch geladenen Teil-

Trotz des Mondlichts sind die Polarlichter am Strand von Vik gut sichtbar. Die grünen Vorhänge wabern in 100 bis 200 Kilometer Höhe, die roten typischerweise oberhalb von 200 Kilometern. Beide stammen von angeregtem Sauerstoff in der Erdatmosphäre.

chenhagel. Der Sonnenwind verformt dabei seinerseits jedoch das Erdmagnetfeld. Abhängig von der Sonnenwindstärke wird es gestreckt, gestaucht oder verbeult. Das wiederum führt zu einem komplexen Netz elektrischer Ströme innerhalb des Magnetfelds, die ebenfalls aus Elektronen sowie aus Plasmateilchen bestehen.

Hell wie der Vollmond

An den magnetischen Polen, wo die Feldlinien des Erdmagnetfelds nahezu senkrecht verlaufen und die Atmosphäre kreuzen, dringen diese Ströme am tiefsten in die Lufthülle unseres Planeten ein. Dort können sie dann die Gasatome in den oberen Atmosphärenschichten auf ein höheres Energieniveau bringen und damit zum Leuchten anregen. Die Stärke der Ströme im Erdmagnetfeld und damit auch des Leuchtens schwankt mit der Intensität des Sonnenwinds. Die Helligkeit reicht vom Schimmern der Milchstraße bis zum Strahlen des Vollmonds. Auf der Nordhalbkugel heißen diese Polarlichter Aurora borealis, auf der Südhalbkugel gibt es sie auch, dort heißen sie Aurora australis.

Bögen, Vorhänge und Bänder

Grob gibt es vier typische Formen von Polarlichtern: Durchscheinende Lichtvorhänge, die rund 100 Kilometer hoch, aber nur 100 Meter dünn sind und sich schnell bewegen. Stabile Bögen in Ost-West-Richtung, 100 bis 1000 Kilometer lang und 10 bis 50 Kilo-

Magische Momete: Fotografen im Bann der herbstlichen Nordlichter am Þveit-See in Südisland *(links)*. **Perfekte Reflexion:** Nordlichter spiegeln sich in dieser Langzeitbelichtung auf der glatten Oberfläche des Þveit-Sees *(oben)*.

meter breit, flammen oft abends auf. Die s-förmig verzerrten Bänder hingegen flackern meist morgens mit wechselnder Helligkeit am Himmel. Und bei einer Korona kommen die Strahlen scheinbar alle aus einem Punkt.

Angeregte Atome

Grüne Polarlichter sind am häufigsten zu sehen, was auch an der hohen Empfindlichkeit unserer Augen für grünes Licht liegt. Sie entstehen durch angeregte Sauerstoffatome in rund 100 bis 200 Kilometern Höhe, die vom zweitniedrigsten Anregungszustand in den niedrigsten Anregungszustand wechseln. Dabei wird Energie frei, die Atome senden sie in Form von Licht aus. Es hat immer dieselbe Wellenlänge, 557,7 Nanometer, und damit immer dieselbe Farbe im grünen Bereich des sichtbaren Spektrums.

Rote Polarlichter stammen meist aus höheren Atmosphärenschichten, typischerweise aus 200 bis 400 Kilometer Höhe. Sie werden ebenfalls durch angeregte Sauerstoffatome erzeugt, die

jedoch vom niedrigsten Anregungszustand in den nicht mehr angeregten Zustand (Grundzustand) wechseln. Ihre Wellenlängen betragen 630,3 und 636,3 Nanometer. Blaue und violette Lichter entstehen nur bei starken magnetosphärischen Störungen, für sie ist mehr Anregungsenergie nötig. Sie stammen von angeregten Stickstoffmolekülen und haben die Wellenlängen 427,8 Nanometer im blauen Bereich und 391,4 Nanometer am violetten Rand des sichtbaren Spektrums. Die Farben können sich am Himmel auch mischen, wie in einem Computermonitor oder Fernseher. In der Natur ist die atmosphärische Lightshow allerdings nicht immer so spektakulär, wie manche Fotos es vermuten lassen. Kameras und Objektive sind meist besser darin, Licht zu sammeln, als unsere Augen.

Fotografen unter einem geomagnetischen Sturm der Klasse G2 auf der isländischen Halbinsel Reykjanes. Der starke Sonnenwind nach einer Sonneneruption regt Sauerstoff zu grünem und rotem Leuchten an und lässt damit den ganzen Himmel erstrahlen.

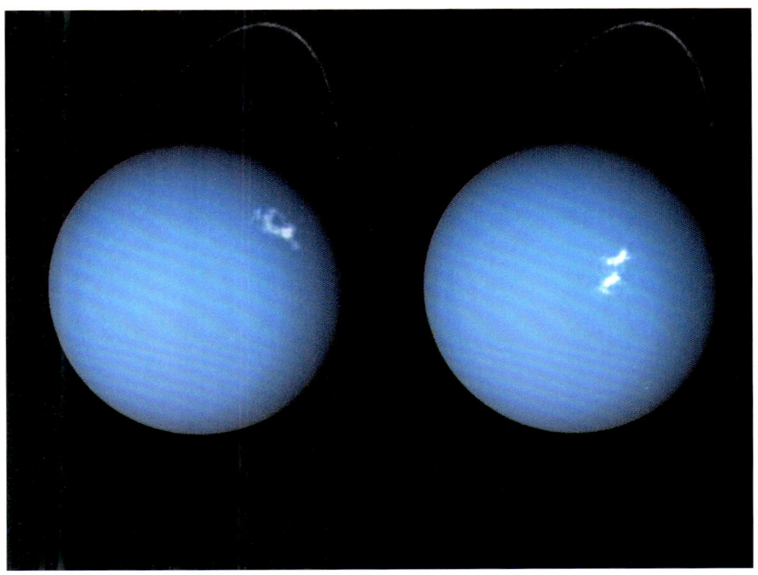

Während die ultravioletten Polarlichter auf Saturn *(oben)* und Jupiter *(Mitte)* relativ gut erforscht sind, ist über die Aurorae auf dem Eisplaneten Uranus *(unten)* noch wenig bekannt.

Extraterrestrisches Flimmern

Die Erde ist nicht der einzige Planet mit Polarlichtern in unserem Sonnensystem. Das »Hubble«-Weltraumteleskop hat die Leuchterscheinung unter anderem an den Polen von Jupiter fotografiert. Allerdings leuchten die extraterrestrischen Aurorae im ultravioletten Bereich (UV) und sind daher für das Auge unsichtbar. Anders als auf der Erde machen die Polarlichter auf Jupiter niemals Pause. Der Gasriese hat dabei neben dem Sonnenwind eine zusätzliche Quelle für energiereiche elektrisch geladene Teilchen erschlossen: Sein gigantisches Magnetfeld greift sich aus der Umgebung geladene Gasteilchen, die sein Mond Io ins All schleudert. Auch sie tragen zur Erzeugung der Polarlichter auf dem größten Planeten unseres Sonnensystems bei.

Polarlicht-Stern

Selbst außerhalb unseres Sonnensystems hat ein Forschungsteam bereits Polarlichter nachgewiesen, allerdings auf indirektem Weg: Auf einem ultrakühlen Zwergstern im Sternbild Leier mit der Katalognummer LSR J1835+3259 flackern der detaillierten Analyse seiner Strahlung zufolge Aurorae rund 10 000-mal so stark wie auf dem Jupiter. Das Entdeckerteam nimmt an, dass sie nach einem ähnlichen Prinzip wie bei Jupiter entstehen könnten: Quelle der Gasteilchen könnte demnach ein – bislang unentdeckter – Planet sein, dessen Gasteilchen in die Fänge des Stern-Magnetfelds geraten und von ihm in Richtung der Magnetpole des Zwergsterns gelenkt werden.

Tropenglühen

Wie der Name nahelegt, sind Polarlichter auf der Erde vor allem in den hohen Breiten zu sehen. Das Phänomen ist aber nicht auf die Polarregionen begrenzt. Bei sehr starken Sonnenstürmen können auch über Mittel- und sogar Südeuropa Aurorae aufflammen. So beschreibt ein 2500 Jahre altes Keilschriftdokument der Babylonier ein ungewöhnliches Himmelsleuchten in der Nacht vom 12. auf den 13. März des Jahres 567 vor Christus – möglicherweise der älteste datierbare Bericht über ein Polarlicht. Und am 2. September 1859 ließ ein extremer Sonnensturm den Himmel auf der Nordhalbkugel bis in die Tropen erglühen.

In niedrigeren Breiten sind die Aurorae meist rot, da die geladenen Teilchen nicht so tief in die Atmosphäre eindringen können

Lofoten: Dieser besonders bunte Nordlicht-Vorhang zeigt, wie sich die Farben mischen können *(oben)*. **Ein geomagnetischer Sturm** trifft auf die Atmosphäre über dem Hotel Ranga auf Island *(rechts)*.

wie an den Polen. Das rote Leuchten wurde passend zur Farbe oft als Vorbote drohenden Blutvergießens oder vernichtender Feuer gedeutet. Einer Anekdote zufolge soll über England zur Zeit des Hundertjährigen Krieges (1337–1453) der Himmel rot aufgeflammt sein. Manche sollen darin den Widerschein eines giganti-

Bögen von Milchstraße (links) und Polarlichtern (rechts) ziehen sich über die Lofoten. Unterhalb der Milchstraße ist unsere Nachbargalaxie Andromeda zu sehen, in der Bildmitte eine Sternschnuppe *(vorhergehende Doppelseite)*. **Nordlichter** tanzen über dem Bergpanorama der Lofoten *(links)*.

schen Feuers auf dem Festland gesehen und angenommen haben, ganz Frankreich stünde in Flammen und sei somit besiegt – was sich allerdings nicht bewahrheitete. Auch aus dem Großen Nordischen Krieg (1700–1721) und selbst noch aus dem Deutsch-Französischen Krieg (1870–1871) gibt es anekdotische Berichte über Polarlicht-Sichtungen, die von einigen wohl als Reflexion der blutgetränkten Schlachtfelder gedeutet wurden.

Selbst Legenden über Drachen könnten auf Polarlichter zurückgehen, wie einige Historiker meinen. Sowohl in Mitteleuropa als auch in China sind Aurorae eine außergewöhnliche Erscheinung. Manche Beobachter sollen darin das Feuer gesehen haben, das kämpfende Drachen am Himmel spieen. Auch dies galt als schlechtes Omen.

Während die Furcht vor unheilvollen Einflüssen der Polarlichter in der vorindustriellen Zeit keine reale Grundlage hatte, können starke Sonnenstürme heute durchaus unseren Alltag aus dem Takt bringen. Sie können Satelliten beschädigen, den Funkverkehr stören, zu Stromausfällen führen und den Flugverkehr behindern.

Berüchtigt ist ein Sonnensturm aus dem Jahr 1989, der in kanadischen Überlandleitungen so starke Ströme induzierte, dass die angrenzenden Transformatorstationen und damit die Stromversorgung in der Provinz Quebec insgesamt neun Stunden lang ausfiel. Auch in Satelliten können Fehlfunktionen und Schäden entstehen. 2003 legte ein Sonnensturm beispielsweise die Navigationsdienste des satellitengestützten Global Positioning System (GPS) in Deutschland lahm.

Weltraumwetterbericht

Flugzeuge fliegen bei starken Sonnenstürmen oft niedriger, um die Strahlenbelastung zu reduzieren, und die Astronauten auf der Internationalen Raumstation ISS suchen hinter Wassertanks Schutz, von denen die energiereichen Teilchen des Sonnensturms absorbiert werden. Um das Risiko, von einem Sonnensturm überrascht zu werden, in den Griff zu bekommen, haben die Weltraumorganisationen NASA (USA) und ESA (Europa) bereits Weltraumwetterberichte eingeführt, die gravierende Sonnenstürme vorhersagen sollen. Mit Teleskopen und Satelliten lässt sich die Aktivität unserer Sonne beobachten und feststellen, ob es zu einer Sonneneruption kommt, die auch noch Richtung Erde geschleudert wird.

Blackouts und Satellitenpannen

Je nach Geschwindigkeit ist ein Sonnensturm bis zur Erde einige Stunden bis wenige Tage unterwegs, was Satellitenbetreibern, Fluglinien, Stromversorgern und Mobilfunkanbietern etwas Vorwarnzeit verschafft. Expertinnen und Experten schätzen allerdings, dass ein schwerer Sonnensturm wie jener aus dem Jahr 1859 dennoch globale Folgen haben könnte: Im Zeitalter der Technisierung und Digitalisierung seien Blackouts, Schäden in Billionenhöhe, Satellitenausfälle und im schlimmsten Fall sogar Tote möglich, warnt etwa die ESA. Die Deutung von Polarlichtern als Vorbote von Unheil ist in unserer technisierten Welt daher unter Umständen gar nicht mehr so abwegig.

VON GÖTTLICHEN BRÜCKEN UND TANZENDEN JUNGFERN

SKANDINAVIEN

Der Weg vom Reich der Götter in die Welt der Menschen führt über die Regenbogenbrücke Bifröst. Sie verbindet in der nordischen Mythologie das göttliche Asgard mit dem irdischen Midgard. Sind womöglich bogenförmige Polarlichter Vorbild für die glitzernde Götterbrücke gewesen? Bifröst kann sowohl »schwankende Himmelsstraße« als auch »schillernder Pfad« bedeuten – beides Eigenschaften, die auf das wabernde Nordlicht passen. Möglicherweise ließ sich die Dichtung von den geheimnisvollen Leuchterscheinungen inspirieren. Es gibt allerdings auch Hinweise, dass das schimmernde Band der Milchstraße Pate für die Idee von Bifröst stand.

Bei der Deutung der unerklärlichen Himmelslichter waren die Skandinavier einfallsreich: Schwedische Fischer etwa hielten sie für Reflexionen großer Fischschwärme, was gutes Fangglück versprach. In Norwegen glaubte man, alte Jungfern am Himmel tanzen zu sehen, die den Menschen auf der Erde zuwinken. Die Grönländer hingegen sahen in den Lichtern die Seelen tot geborener Kinder, die nun am Himmel spielen. Und nach der isländischen Folklore lindern die Polarlichter die Schmerzen während der Geburt. Aber wehe, die werdende Mutter sah in sie hinein – dann käme ihr Kind schielend zur Welt!

Die Aurora borealis über dem wohl berühmtesten Fischerdorf Norwegens, Hamnøy auf den Lofoten. Die typischen roten Rorbuer-Häuser stehen auf Stegen direkt am Wasserrand.

Herbst-Aurora über Hamnøy: Das grüne Nordlicht spiegelt sich in der arktischen See *(links)*. **Im Winter** sind die typischen Rorbuer-Häuser vom Schnee bedeckt *(oben)*.

Polarlichtpanorama über den Lofoten: Rechts im Norden ist im oberen Teil der Aurora eines der bekanntesten Sternbilder zu sehen, der Große Wagen. Links leuchtet direkt unter dem Bogen der Milchstraße die Andromedagalaxie.

» Eine schaurige schwarze Wolke,
kreuz und quer von feurigen Schlangenlinien durchzuckt,
die sich in lange Flammengarben spalteten,
Blitzen ähnlich, nur größer. «

Plinius der Jüngere (61–113 n. Chr.),

Augenzeuge des Ausbruchs des Vesuvs bei Pompeji (79 n. Chr.)

Höllenfeuer: Vulkanausbruch auf dem Fagradalsfjall auf Island *(rechts)*. **Himmelsfeuer**: Herbstliche Polarlichter über dem Þveit-See in Südisland *(folgende Doppelseite)*.

Mystischer Wegweiser: Die Aurora kann in Form von Vorhängen, Bögen und Bändern – hier nahe der Halbinsel Reykjanes auf Island – auftreten *(links)*. **Flugzeugwrack** von Solheimasandur auf Island. Das Relikt eines Absturzes im Jahr 1973 ist ein beliebtes Fotomotiv *(oben)*.

Die Hvalsneskirkja auf Island wirkt unter diesem geomagnetischen Sturm wie eingehüllt vom Polarlicht *(oben)*. **Große Show** am Skogafoss in Island. Hier wird er von bunten Aurorae beleuchtet. Grün stammt von angeregten Sauerstoffatomen, blau und lila von Stickstoffmolekülen *(rechts)*.

Der Sigöldugljúfur-Canyon in Island scheint sich in den Nordlichtern widerzuspiegeln *(links)*. **Die ganze Schönheit** der Aurora borealis über dem Vestrahorn auf Island. Ein geomagnetischer Sturm der Stärke G2 lässt Sauerstoffatome in der oberen Erdatmosphäre grün und rot leuchten *(oben)*.

Islands »einsamer Berg« Kirkjufell prägt eine der spektakulärsten Landschaften der Atlantikinsel. Hier vor dem Panorama der Milchstraße und strahlender Nordlichter *(oben)*. **Am Brúarfoss** (Brückenwasserfall) in Südisland stürzt der Gletscherfluss Brúará fünf Meter in die Tiefe *(rechts)*.

» Lodernde Flammen mit wallenden Blitzen
Fliegende Düfte, voll strahlender Spitzen,
Zirckeln sich, wirbeln sich, schießen zusammen;
Leuchten und Schrecken, verschwinden, entstehn,
Wallen und wittern, erscheinen, vergehn. «

Barthold Heinrich Brockes: Das Norder-Licht (1732)

Helle Polarlichtbögen über dem markanten Kirkjufell spiegeln sind im Wasser *(links)*. **Das grandiose Nordlichtpanorama** über dem Vestrahorn auf Island zeigt rechts den Orionnebel, eine Sternfabrik *(folgende Doppelseite)*.

DER GRÖSSTE JÄGER DER WELT

ORION UND SEIN NEBEL

So faszinierend Polarlichter sind – sie verschleiern den Blick auf den Sternenhimmel. Deshalb gibt es in dem ringförmigen Bereich um die Pole, wo regelmäßig Polarlichter aufflammen, auch kaum astronomische Observatorien. Da das Polarlicht meist eher Richtung Norden zu sehen ist, lassen sich Sterne währenddessen besser am Südhimmel beobachten. Dort lugt im Winter zur Polarlichtsaison eines der auffälligsten Sternbilder über den Horizont: der Himmelsjäger Orion, leicht zu erkennen an den drei charakteristischen Gürtelsternen, die schräg in einer Reihe stehen. Bereits mit bloßem Auge ist etwas unterhalb des Gürtels der Orionnebel zu sehen, eine der aktivsten Sternfabriken in unserer kosmischen Umgebung. Er gehört zu den sogenannten Emissionsnebeln, das heißt, das Gas des Nebels wird von der Strahlung naher Sterne zum Leuchten angeregt – ähnlich also wie der Leuchtmechanismus der Polarlichter funktioniert.

Der Orionnebel ist einer der wenigen Emissionsnebel, die bei guten Bedingungen mit dem bloßen Auge sichtbar sind. Er besteht hauptsächlich aus Wasserstoffgas und hat davon so viel wie 700 bis 2000 Sonnen. Er ist ein Sternentstehungsgebiet, in dem sich Gas zu neuen Sternen zusammenballt. Die jungen Sonnen bringen das umgebende Gas mit ihrer heißen Strahlung zum fluoreszieren. Auf Fotos leuchtet der Orionnebel in intensiven Farben. Mit bloßem Auge oder im Feldstecher ist er allerdings lediglich als milchiges Fleckchen zu erkennen.

Orion war in der griechischen Mythologie der größte Jäger der Welt. Jedenfalls hielt er sich dafür. Der Sage nach begehrte er Artemis, die Göttin der Jagd, und auch Artemis fand Gefallen an Orion. Apollon jedoch, der Zwillingsbruder von Artemis, war gegen eine mögliche Vermählung der beiden. Mittels einer List forderte er seine Schwester heraus, ihre Kunst im Bogenschießen unter Beweis zu stellen, und gab ihr einen kleinen schwarzen Fleck als Ziel, der auf den Meereswellen schaukelte. Artemis zielte und traf – ohne zu wissen, dass es sich um Orion handelte, der gerade im Meer badete. Ihr Pfeil durchbohrte und tötete Orion. Voller Trauer versetzte Artemis ihn unter die Sterne.

Orion ist eines der ältesten Sternbilder. Es wird bereits bei den Sumerern erwähnt, die darin nach manchen Schilderungen den riesenhaften König Gilgamesch sahen, welcher unter anderem den Himmelsstier bezwang. Der Stier ist das Nachbarsternbild von Orion. Die linke Schulter des Orion bildet der Stern Beteigeuze, arabisch für »Hand der Riesin«. Der rötliche Beteigeuze ist der zehnthellste Stern am irdischen Firmament und ein sogenannter Roter Überriese, ein Sternkoloss in der letzten Phase seiner Existenz. Er besitzt knapp 20-mal so viel Masse wie unsere Sonne, hat sich aber auf den 800-fachen Sonnendurchmesser aufgebläht und leuchtet im sichtbaren Bereich rund 10 000-mal so hell wie sie.

Supernova

In astronomisch naher Zukunft wird der Rote Überriese spektakulär als Supernova explodieren und trotz seiner Entfernung von mindestens 500 Lichtjahren am irdischen Himmel etwa so hell strahlen wie der Mond. Ein Lichtjahr beträgt die Strecke, die das Licht in einem Jahr zurücklegt. Es entspricht knapp zehn Billionen Kilometern. Wann genau Beteigeuze explodieren wird, ist schwer vorherzusagen. Die astronomisch nahe Zukunft erstreckt sich allerdings auf etwa die nächsten 1,5 Millionen Jahre. Es ist also eher unwahrscheinlich, dass Leser dieses Buchs das Spektakel mitansehen können.

In Mittel- und Nordeuropa gehört Orion zu den Wintersternbildern. Im Sommer verbirgt er sich unter dem Horizont. Die auffälligste Formation im Orion sind die drei Gürtelsterne im Zentrum des Sternbilds. Rund um den Gürtel zieht sich der Orion-Komplex, ein riesiges Gaswolken-System, in dem neue Sterne entstehen. Der Orionnebel ist Teil dieses Komplexes. Die Gürtelsterne haben keine Verbindung zu dem Komplex, sie liegen nur zufällig von der Erde aus gesehen in derselben Richtung.

300 000 Sonnenmassen

Der Orion-Komplex vereint die Masse von rund 300 000 Sonnen und ist etwa 1400 Lichtjahre entfernt. Er gliedert sich in zahlreiche Regionen und Einzelobjekte. Darunter ist der ikonische Pferdekopfnebel, eine sogenannte Dunkelwolke aus kaltem Gas und Staub, die sich im sichtbaren Spektralbereich dunkel vor dem rot leuchtenden Hintergrund abhebt und deren Form an einen Pferdekopf oder an ein Seepferdchen erinnert.

Der Nebel ist nur mit größeren Fernrohren zu sehen. Detaillierte Untersuchungen haben gezeigt, dass die Wolke vor allem aus Wasserstoffmolekülen und einfachen Kohlenwasserstoffen besteht. Aufnahmen im Infrarotbereich machen die Wärmestrahlung des Nebels sichtbar und können den dahinterliegenden Emissionsnebel ausfiltern. Dadurch lässt sich die Struktur der Dunkelwolke detailliert untersuchen. Da sich ihr Gas bewegt, wird sie in einigen Jahrtausenden die Ähnlichkeit zu einem Pferdekopf verlieren.

Das Sternbild Orion enthält mit dem Orion-Molekülwolkenkomplex (kleines Bild links) eines der aktivsten Sternentstehungsgebiete der Milchstraße. Darin befinden sich auch der bekannte Orionnebel und der Pferdekopfnebel (kleine Bilder).

Der Orion-Molekülwolkenkomplex strahlt stark im Infrarotbereich. In der Bildmitte ist der Pferdekopfnebel zu sehen, unten rechts der Orionnebel *(links)*.
Neben dem Pferdekopfnebel (Mitte) leuchtet der Flammennebel (links). In seinem Inneren liegt ein sehr junger Sternhaufen, der weniger als eine Million Jahre alt sein soll *(oben)*.

Der Orionnebel ist einer der hellsten Nebel am Nachthimmel und schon mit bloßem Auge südlich der drei Gürtelsterne des Orion erkennbar *(oben)*. **Diese Infrarotaufnahme** des Hubble-Weltraumteleskops zeigt die innere Struktur des Pferdekopfnebels *(rechts)*.

FEURIGE ZEICHEN AUS DEM JENSEITS

NORDAMERIKA

Die flackernden Lichter am nächtlichen Himmel galten manchen Ureinwohnern Nordamerikas als Fackeln der Toten, die den Seelen frisch Verstorbener den Weg weisen. In der Hudson Bay hielt man sie gar für die Laternen von Dämonen, welche verlorene Seelen jagen. Und die Fox-Stämme im heutigen Wisconsin sahen in ihnen die Geister ihrer getöteten Feinde, die auf Rache sannen. Für die Stämme der Cree hingegen waren die Polarlichter eine Möglichkeit, mit ihren Ahnen zu kommunizieren. Und wenn Hunde die wabernden Lichter anbellten, erkannten sie demnach ihre früheren Gefährten.

Oft geht es in den Polarlichtmythen um Tod und Bedrohung, aber es gab auch andere Vorstellungen. So schrieben die Menominee in Wisconsin das himmlische Leuchten den Fackeln freundlicher Riesen zu, die sie zum nächtlichen Fischen entzündet hatten. Die Algonquin in Kanada und dem Norden Michigans verehrten die Himmelslichter als Widerschein des großen Feuers, das ihr Schöpfer Nanabozho entzündet hatte. Er sandte seinem Volk damit ein Zeichen der Fürsorge. Auch manche Stämme in der Prärie hielten die Erscheinung für ein Feuer – allerdings eines, das die Stämme des Nordens entzündet hatten, um ihre Feinde zu kochen.

Tipi unterm Nordlicht in der Nähe von Whitehorse im kanadischen Yukon-Territorium

Im hohen amerikanischen Norden flammen regelmäßig Polarlichter auf, so wie hier über zwei Wanderern *(links)* und einem eingefrorenen Fischerboot auf dem Yukon *(rechts)* im winterlichen Alaska.

Je nach Stärke des Sonnenwinds können die Nordlichter in der Polarregion den Himmel großflächig aufleuchten lassen wie hier im nördlichen Kanada.

DIE KOMPASSNADEL AM NACHTHIMMEL

POLARIS

Alles dreht sich um ihn: Der Polarstern ist der ruhende Pol am Himmel. Ließe sich die Erdachse verlängern, würde sie fast genau diesen hellsten Stern im Sternbild Kleiner Bär (Ursa Minor) treffen. Daher steht er immer an derselben Stelle am Himmel. Seine Höhe hängt dabei direkt von der geografischen Breite ab, auf der ein Beobachter sich befindet. Am Nordpol steht Polaris, wie der Stern auch genannt wird, genau im Zenit. Auf 45 Grad nördlicher Breite (das ist ungefähr die Höhe von Mailand) steht er halbhoch am Himmel, am Äquator am Nordhorizont.

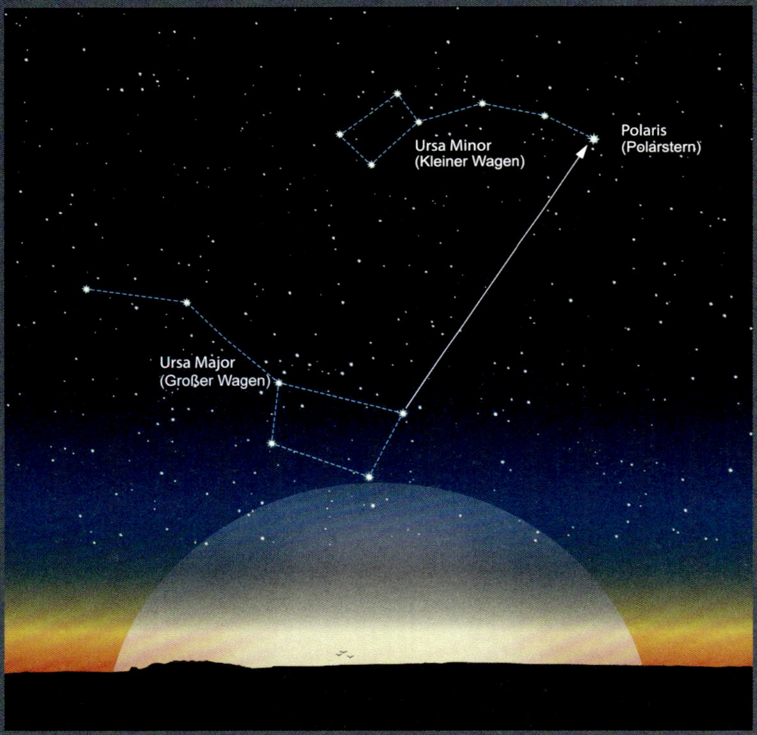

Vom Großen zum Kleinen Wagen

Dadurch ist Polaris eine gute Orientierungshilfe in klaren Nächten, er zeigt wie ein himmlischer Kompass stets die Nordrichtung an. In hohen Breiten ist das allerdings schwieriger zu interpretieren als in mittleren – dort befindet sich Polaris quasi zu sehr in der Mitte der Windrose. Der Polarstern ist ganz einfach zu finden: Fast jeder kennt das Sternbild Großer Wagen (eigentlich heißt es Großer Bär, Ursa Major). Verlängert man die Hinterachse des Großen Wagens fünfmal, landet man fast genau auf Polaris. Er bildet die Schwanzspitze des Kleinen Bären beziehungsweise die Deichsel des Kleinen Wagens, wie das Sternbild volkstümlich genannt wird, das tatsächlich aussieht wie eine kleine Version des Großen Wagens.

Ich bin drei Sterne

Eigentlich ist der Polarstern sogar drei Sterne: Schon Wilhelm Herschel entdeckte 1780, dass es sich um einen Doppelstern handelt. Das Hubble-Weltraumteleskop zeigte dann 2006, dass einer der beiden Sterne wiederum einen Begleiter hat.

Polaris war allerdings nicht immer der Polarstern: Die Erdachse beschreibt eine leichte Kreisbewegung wie ein eiernder Kreisel, Physiker nennen das Präzession. Für einen Umlauf benötigt sie knapp 26 000 Jahre. Dadurch verschiebt sich ihre Richtung im Raum langsam. Vor rund 1000 Jahren zeigte sie auf die Grenze der Sternbilder Giraffe (Camelopardis) und Kleiner Bär, und in 4000 Jahren wird sie auf den Stern Errai im Sternbild Kepheus weisen.

Der nördliche Sternenhimmel in Langzeitbelichtung: Zeigt die Kamera auf Polaris, ziehen alle Sterne durch die Erdrotation Kreisspuren um den Polarstern im Zentrum, der sich kaum bewegt. Die Erdachse zeigt fast genau auf ihn. Je weiter ein Stern von Polaris entfernt ist, desto länger seine Spur.

Rifugio Re Alberto I°

NORD-
HALBKUGEL

ANTIKE DRAMEN AM NACHTHIMMEL

MILCHSTRASSE UND STERNBILDER DER NORDHALBKUGEL

»Weißt du, wie viel Sternlein stehen?«, fragt ein altes Volkslied. Tatsächlich kennen wir heute die ungefähre Antwort: Unsere Milchstraße hat etwa 100 bis 400 Milliarden Sterne, und in dunklen, klaren Nächten lassen sich unter optimalen Bedingungen immerhin 5000 bis 6000 davon mit bloßem Auge am Firmament erkennen. Diesen Anblick bietet der Himmel allerdings an vielen Orten nicht mehr. Denn durch die zunehmende Lichtverschmutzung verschwinden die meisten Sterne im Lichtsmog unserer hell beleuchteten Zivilisation. Straßenlaternen, Flutlicht, Leuchtreklame – das volle Spektakel des Sternenhimmels entfaltet sich nur noch an besonders lichtgeschützten Orten.

Rund 80 Prozent der Weltbevölkerung lebt nach Angaben der International Dark-Sky Association IDA bereits unter Lichtsmog. In Europa und den USA sind es sogar 99 Prozent. Und die Lichtverschmutzung nimmt noch zu: weltweit um zwei bis drei Prozent pro Jahr, in Europa sogar um fünf bis sechs Prozent. Das ist nicht nur schlecht für Sternengucker, sondern auch für die Umwelt: Zahlreiche Wildtiere, insbesondere Insekten, werden durch die nächtliche Beleuchtung gefährdet. Der Hell-Dunkel-Rhythmus ist seit Anbeginn des Lebens auf der Erde der stärkste Taktgeber. Zu viel künstliches Licht stört die innere Uhr – auch bei Menschen, indem es etwa die Produktion des Schlafhormons Melatonin behindert.

Die IDA hat schon 1988 die Initiative gegen Lichtverschmutzung ergriffen und bis heute mehr als 200 dunkle Orte weltweit zertifiziert, in Deutschland unter anderem die Winklmoosalm bei Reit im Winkl, den Nationalpark Eifel und den Naturpark Westhavelland. Auch andernorts gibt es natürlich noch dunklen Nachthimmel, auch mit anderer oder ohne Zertifizierung. So sind die Alpen eine Art dunkle Oase mitten in Europa, der Nationalpark Gesäuse in Österreich etwa bietet einen der dunkelsten Nachthimmel Mitteleuropas.

Verlust der Nacht

Doch die Nacht schwindet mehr und mehr, und in unseren hellen Städten und Dörfern sehen die meisten Menschen nie die Milchstraße, denn dafür ist ein halbwegs dunkler Himmel die Voraussetzung. Auch die meisten Sternbilder sind nicht vollständig zu sehen. So entgeht den meisten nicht nur der Anblick von Milchstraße, flackernden Sternen und schimmernden Nebeln, sondern auch die klassischen Sagen und Dramen, die sich allnächtlich über unseren Köpfen abspielen.

Eines davon beginnt mit der schönen Königin Kassiopeia von Äthiopien. Die Gemahlin des blassen Königs Kepheus war unerträglich eitel. Eines Tages, als sie ihre langen Haare kämmte, prahlte sie der griechischen Sage zufolge, schöner zu sein als sämtliche

Die Vajolet-Türme in den Dolomiten während der Nacht. Der See vor der Gartlschutzhütte entsteht nur nach Regen und bietet eine fantastische Reflexion *(vorhergehende Seite)*.
St. Magdalena in den Dolomiten gehört zur Gemeinde Villnöß, wo Bersteigerlegende Reinhold Messner seine Kindheit verbracht hat. Auf den Geißlerspitzen im Hintergrund lernte Messner Bergsteigen *(rechts)*.

> Zu viel künstliches Licht stört die innere Uhr – auch bei Menschen.

Nereïden, 50 ausgesprochen verführerische Meeresnymphen, die den Gott des Meeres Poseidon begleiten. Das hätte sie besser nicht tun sollen, denn die beleidigten Nereïden forderten von Poseidon eine Strafe für Kassiopeia. Der Herrscher über die Ozeane schickte daraufhin das Ungeheuer Ketos an die Küste Äthiopiens, das damals anders lag als heute und sich über Teile des heutigen Israel, Jordanien und Ägypten erstreckte.

Happy End

Der Ketos wütete fortan an Äthiopiens Küste und stiftete Unheil. Schließlich drängten Kepheus' Untertanen ihren König zum Handeln, und ratlos wie er war, befragte er das Orakel des Ammon, was zu tun sei. Das Orakel erlegte ihm auf, dem Ketos seine schöne und tugendhafte Tochter Andromeda zu opfern. Das Entsetzen war groß, aber es half nichts: Andromeda wurde an der Küste von Jaffa, dem heutigen Tel Aviv, an die Klippen gekettet, auf dass die mythologische Seeschlange sie hole. Kassiopeia konnte nur reuevoll zusehen.

Zum Glück für Andromeda kam gerade der Held Perseus des Wegs, der eben der Medusa das Haupt abgeschlagen hatte und nun auf der Suche nach neuen Heldentaten war. Perseus fragte Andromeda, weshalb sie dort angekettet sei. Nachdem Andromeda sich erst angemessen geziert hatte, erläuterte sie Perseus die Lage. Zugleich kam jedoch der Ketos vom Meer aus auf die beiden zu.

Meerungeheuer

Perseus dachte nicht lange nach und hielt zunächst einmal bei Kepheus und Kassiopeia um Andromedas Hand an, sollte er sie retten. Die sorgenvollen Eltern stimmten ohne umständliche Verhandlungen sofort zu, und Perseus stieg hinab, machte dem Ketos den Garaus, gerade als der über Andromeda her- und diese in Ohnmacht fallen wollte, und erlöste die junge Dame von ihren Ketten und ihrem Schicksal.

Angeblich hat die griechische Göttin Athena die ganze Gesellschaft am Sternenhimmel verewigt. Das Ungeheuer Ketos heißt am Firmament Cetus und wird im Deutschen unpassenderweise als Walfisch bezeichnet. Zum einen sind Wale Säugetiere und keine Fische, zum anderen aber hatte der Ketos aus der griechischen Mythologie nicht viel mit einem Wal gemein. Es handelte sich demnach eher um eine Art Mischwesen mit Klauen, Fischschuppen und einem riesigen Maul.

Cetus ist eines der größten Sternbilder am Himmel, wie es sich für ein Ungeheuer gehört, und in den mittleren Breiten der Nordhalbkugel vor allem im Herbst zu sehen. Seine Sterne sind eher unspektakulär, mit Ausnahme von Mira, der Wundersamen. So benannt vom Danziger Astronomen Johannes Hevelius wegen ihrer seltsamen Helligkeitsschwankungen. Mira, entdeckt am 13. August 1596 vom ostfriesischen Pfarrer und Amateurastronomen David Fabricius, ist der erste veränderliche Stern überhaupt, der beobachtet oder zumindest bei dem die Helligkeitsschwankungen auch aufgezeichnet wurden. Die Ursache für diese Schwankungen, durch

Ein Teil der Milchstraße funkelt über den Lavendelfeldern von Valensole in Frankreich. Leider ist die Lichtverschmutzung über dem gesamten Gebiet deutlich sichtbar.

die Mira zeitweise für das bloße Auge komplett vom Firmament verschwindet, war damals vollkommen rätselhaft.

Roter Riesenstern

Inzwischen haben Astronominnen und Astronomen herausgefunden, dass es sich um einen pulsierenden Roten Riesenstern handelt. Im Minimum hat er den 330-fachen Durchmesser unserer Sonne und bläht sich in unregelmäßigen Abständen bis auf 400 Sonnendurchmesser auf. Mira ist damit kein Einzelfall, heute ist eine ganze Klasse der Pulsationsveränderlichen nach ihr benannt. Wie viele Rote Riesensterne bläst Mira einen Teil ihrer Gashülle ins All. Da der Stern mit beachtlichen 400 000 Kilometern pro Stunde durchs All prescht, erzeugt er selbst in dem äußerst dünnen Gas zwischen den Sternen, dem sogenannten interstellaren Medium, einen erheblichen Fahrtwind. Die ausgestoßene Gashülle versammelt sich daher nicht ringförmig um den Stern wie bei anderen Roten Riesen, sondern bildet einen Schweif, der an einen Kometen erinnert. Heute ist dieser Schweif bereits rund 13 Licht-

Gesäuse: Der rund 120 Quadratkilometer große Nationalpark Gesäuse liegt in der Obersteiermark in Österreich. Er bietet einen der dunkelsten Nachthimmel Mitteleuropas.

jahre lang, wie Beobachtungen mit dem UV-Satelliten »Galex« der US-Raumfahrtbehörde NASA gezeigt haben.

Während Cetus von mittleren Breiten aus gesehen einen Großteil des Jahres unterhalb des Horizonts verbringt, ist der Held Perseus dort in jeder Nacht zu sehen. Er gehört – bis auf seinen südlichsten Teil – bei uns zu den sogenannten zirkumpolaren Sternbildern, die nie untergehen. Im Perseus flackert Algol, das ist Arabisch für Ghul, einen Dämon. Algol, der auch Teufelsstern genannt wird, ist ebenfalls ein veränderlicher Stern. Er ist der erste

Bedeckungsveränderliche, der entdeckt wurde. Das bedeutet, dass er von einem anderen Stern umkreist wird und sich die beiden Sterne von der Erde aus gesehen regelmäßig gegenseitig abschatten. Dadurch schwankt die Helligkeit des Doppelsterns im Rhythmus von zwei Tagen, 20 Stunden, 48 Minuten und 56 Sekunden.

Medusenhaupt

Der Übergang vom Maximum zum Minimum dauert dabei nur fünf Stunden, im Minimum verweilt er sogar nur 20 Minuten. Die Helligkeitsschwankungen sind deutlich mit bloßem Auge erkennbar. Algol wird mythologisch auch als das Medusenhaupt interpretiert, das der tapfere Perseus in der Hand hält. Den spektakulärsten Anblick im Perseus bietet allerdings der Doppelsternhaufen h und Chi Persei, der schon mit bloßem Auge als milchiges Fleckchen an der Grenze zur Kassiopeia erkennbar ist. Im Fernglas wird sichtbar, dass es sich um zwei getrennte Sternhaufen handelt, von denen jeweils rund 300 Einzelsterne erkennbar sind.

Neben Perseus strahlt die Kassiopeia, ein sehr auffälliges Sternbild, das in den Breiten Mitteleuropas ganzjährig sichtbar ist; es gehört dort ebenfalls zu den zirkumpolaren Konstellationen. Der zentrale Teil der Kassiopeia hat die Gestalt eines leicht verzerrten W, das Sternbild wird daher auch als Himmels-W bezeichnet. Kassiopeia wird begleitet von Kepheus, passend zu seinem mythologischen Vorbild ein blasses Sternbild. Sein vierthellster Stern ist jedoch eine der wichtigsten Entdeckungen der Astronomie: Delta Cephei ist ein pulsierender Stern einer besonderen Sorte. Die nach ihm benannten Cepheiden sind kosmische Meilensteine, die enorme Bedeutung bei der Bestimmung von Entfernungen im Weltall haben.

Bei den Cepheiden hängt der Rhythmus ihrer Helligkeitsschwankungen direkt mit ihrer absoluten Leuchtkraft zusammen. Wenn man also die Zeit von einem bis zum nächsten Helligkeitsmaximum kennt, die vergleichsweise leicht zu messen ist, weiß man auch, wie hell der jeweilige Cepheiden-Stern leuchtet. Daraus, wie hell er an unserem Himmel erscheint, lässt sich dann direkt seine Entfernung bestimmen. Das war eine extrem hilfreiche Entdeckung, denn die Messung von größeren Distanzen im Kosmos ist keine einfache Aufgabe und oft nur mit indirekten Methoden möglich. Dank der Cepheiden ließen sich nicht nur zahlreiche Entfernungen im Weltall bestimmen, sondern auch andere, indirekte Messmethoden eichen.

Mithilfe der Cepheiden hat der US-Astronom Edwin Hubble, der später Namenspate des berühmten Weltraumteleskops wurde, das Weltall in den 1920er-Jahren enorm vergrößert. Damals wurden die Natur und Entfernung der verschiedenen Nebel am Firmament noch diskutiert. Nach der vorherrschenden Meinung war das Universum nicht größer als unsere Milchstraße. Zwar war bekannt, dass manche Nebel in Wahrheit Ansammlungen zahlreicher Sterne sind, deren Entfernung war jedoch unbekannt, und sie wurden von der Mehrheit in den Außenbezirken der Milchstraße vermutet.

Ein solcher »Nebel«, der bei guten Bedingungen bereits mit bloßem Auge sichtbar ist, liegt im Sternbild Andromeda, das sich unterhalb der Kassiopeia erstreckt. Hubble hatte diesen Andromedanebel 1923 mit dem stärksten Teleskop seiner Zeit beobachtet, dem 100-Zoll-Hooker-Teleskop am Mount-Wilson-Observatorium in Kalifornien. Dabei fiel ihm ein veränderlicher Stern auf, der sich als Cepheide entpuppte.

Die Auswertung zeigte, dass der Andromedanebel mindestens eine Million Lichtjahre entfernt sein musste und damit weit außerhalb der Milchstraße lag, die einen Durchmesser von rund 100 000 Lichtjahren hat. Die zahlreichen Nebel dieser Art waren also eigene Galaxien wie unsere Milchstraße, nur in enormer Entfernung! Mit diesem Nachweis hat Hubble das bekannte Weltall 1923 auf einen Schlag um ein Vielfaches vergrößert. Heute wissen wir, dass die Andromedagalaxie sogar rund 2,5 Millionen Lichtjahre entfernt ist. Das Licht, das von ihr am Nachthimmel schimmert, war also 2,5 Millionen Jahre zu uns unterwegs. Die Andromedagalaxie ist damit das fernste Objekt, das noch mit bloßem Auge von der Erde aus zu sehen ist. Dabei ist sie die nächste große Nachbargalaxie der Milchstraße. Andere Galaxien sind noch viel weiter entfernt.

Hubble untersuchte derartige Nebel systematisch per Teles-

kop und machte 1929 eine noch viel wichtigere Entdeckung: Fast alle Galaxien entfernen sich von der Milchstraße, und zwar umso schneller, je weiter sie bereits weg sind. Die einzige logische Erklärung für diese Beobachtung: Das Weltall dehnt sich aus, und jede Galaxie entfernt sich von jeder anderen – wie die Rosinen in einem aufgehenden Hefekuchen auch jeweils alle voneinander weg streben. Das Weltall war also nicht nur viel größer als angenommen, es wächst auch noch beständig.

Und damit nicht genug. Zum Ende des 20. Jahrhunderts entdeckten Forscherteams, dass sich die Expansion des Universums vor ungefähr sechs Milliarden Jahren grundlegend geändert hat. Während bis dahin die Schwerkraft der Sterne und Galaxien die Ausdehnung des Alls gebremst hat, wird die Expansion seitdem immer schneller. Als Ursache wird eine rätselhafte »Dunkle Energie« angenommen, die den Kosmos immer stärker auseinandertreibt. Die Natur dieser Dunklen Energie ist bislang völlig ungeklärt. Sie könnte jedoch bewirken, dass unser Universum immer schneller wächst und in extrem ferner Zukunft womöglich einmal in einem »Big Rip« zerreißt.

Die Griechen der Antike haben nicht nur faszinierende Sagen wie jene von Andromeda und Perseus an den Himmel versetzt, von denen es noch deutlich mehr gibt. Sie gelten auch als die Begründer der Astronomie und damit der Naturwissenschaften. Zwar gab es zuvor auch schon Himmelskunde, aber griechische

Der Stern Mira rast so schnell durchs All, dass er einen Schweif aus Gas hinter sich herzieht, welches von dem Stern aus ins All strömt. In Flugrichtung schiebt Mira eine Bugwelle durch das interstellare Medium wie ein Schiff durchs Wasser.

Astronomen gingen durch eine wissenschaftliche Deutung der beobachteten Phänomene und die Entwicklung spezieller Messinstrumente deutlich darüber hinaus. Thales von Milet gelang es beispielsweise, die Sonnenfinsternis vom 28. Mai 585 v. Chr. korrekt vorherzusagen und Demokrit sah das schimmernde Band der Milchstraße bereits korrekt als Ansammlung von Sternen, die einzeln unter der Sichtbarkeitsgrenze liegen.

Verbannung wegen Gottlosigkeit

Die griechischen Astronomen erkannten auch die Eigenbewegungen von Sternen am Firmament, und bis heute benutzen wir ihre Systematik zur Einteilung der Sternhelligkeiten. Der Philosoph Pythagoras postulierte zudem vor rund 2 500 Jahren die Kugelform der Erde. Und Eratosthenes bestimmte mit seinem berühmten Experiment, bei dem der Schatten eines senkrechten Stabs am Tag der Sommersonnenwende mittags gleichzeitig in Alexandria und Syene gemessen wurde, den Erdumfang auf 41 750 Kilometer – eine Abweichung von nur rund vier Prozent vom tatsächlichen Wert.

Die Pythagoreer spekulierten bereits darüber, ob sich statt des Sternenhimmels die Erde drehe, und Aristarch von Samos ging sogar davon aus, dass die Erde um die Sonne wandere – wofür er allerdings wegen Gottlosigkeit in die Verbannung geschickt wurde. Ptolemäus entwickelte schließlich im zweiten Jahrhundert das geozentrische Weltbild zu solcher Perfektion, dass es rund 1400 Jahre Bestand hatte, bis Kopernikus es 1543 schließlich umwarf. Damit ist Ptolemäus sicherlich der einflussreichste Astronom der bisherigen Geschichte.

Die Andromedagalaxie ist mit einem Abstand von 2,5 Millionen Lichtjahren die nächstgelegene Spiralgalaxie. Ihr Licht ist 2,5 Millionen Jahre zu uns unterwegs *(rechts)*. **Der Quallennebel** im Sternbild Zwillinge ist etwa 5000 Lichtjahre von der Erde entfernt *(folgende Doppelseite)*.

WO STERNE ENTSTEHEN UND VERGEHEN

NEBEL-TYPEN UND IHRE BESONDERHEITEN

Der Nachthimmel ist gesprenkelt mit zahlreichen Nebeln. Dabei handelt es sich allerdings um ganz unterschiedliche Objekte, die nur deshalb als Nebel zusammengefasst wurden, weil sie mit bloßem Auge und in einfachen Fernrohren alle ähnlich milchig-verschwommen erscheinen. Es gibt in unserer Milchstraße im Wesentlichen drei Typen von Nebeln:

Emissionsnebel bestehen aus leuchtendem Gas. Sie strahlen auf Fotos oft in bunten Farben, die den Emissionslinien bestimmter Gase entsprechen. Meist handelt es sich bei den Emissionsnebeln um sogenannte Sternentstehungsgebiete. In diesen gigantischen Gaswolken, vor allem aus Wasserstoff, ballen sich neue Sonnen zusammen. Die jungen Sterne ionisieren mit ihrer intensiven, energiereichen Strahlung das Gas und regen es zum Leuchten an. Einfach ionisierter Wasserstoff leuchtet dann beispielsweise rot, zweifach ionisierter grün. Manchmal werden die Aufnahmen allerdings in falschen Farben koloriert.

Auch die Trümmerwolken explodierter Sterne gehören zu den Emissionsnebeln. Sie sind von der Supernova-Explosion eines Sterns ins All geschleudert worden und heizen sich zum Teil auf Millionen Grad Celsius auf, wenn sie auf das umgebende interstellare Medium treffen. Dadurch und von der Strahlung der verbliebenen Sternleiche können sie zum Leuchten angeregt werden. Daneben gibt es noch die sogenannten planetarischen Nebel. Das sind die abgestoßenen Gashüllen alter Sterne, die sich oft ringförmig ins All ausbreiten und von dem nun freigelegten heißen Kern des greisen Sterns zum Leuchten gebracht werden.

Ist die Strahlung der Sterne nicht energiereich genug, um das Gas zu ionisieren, sehen wir oft einen **Reflexionsnebel**. Das Sternenlicht wird darin von Gas und Staubteilchen gestreut, diese Nebel müssten korrekt also eigentlich Streunebel heißen. Steht der beleuchtende Stern innerhalb des Nebels, erscheint dieser in der Farbe des Sterns. Steht der Stern außerhalb, erscheint der Nebel meist bläulich, da blaues Licht stärker gestreut wird als rotes. Aus demselben Grund ist auch der irdische Himmel blau – unsere Atmosphäre ist also quasi ein Reflexionsnebel.

Dunkelwolken dagegen bestehen aus Staub und vergleichsweise kühlem Gas, die das Licht dahinterliegender Quellen verschlucken. Sie wirken bisweilen wie Löcher im Kosmos. Berühmte Beispiele sind der Pferdekopfnebel im Sternbild Orion und die Dunkelwolke Barnard 68 im Sternbild Schlangenträger. Die Natur der Dunkelwolken hat der US-Astronom Edward Barnard Anfang des 20. Jahrhunderts aufgeklärt, der diese Gebiete katalogisierte. Dieser Barnard-Katalog enthält heute knapp 350 Dunkelwolken (darunter den Pferdekopfnebel mit der Nummer B 33). Vermutlich entstehen auch im Inneren von Dunkelwolken neue Sterne.

Eine vierte, ganz andere Art von Nebel bilden Sternhaufen und Galaxien. Galaxien wurden, angelehnt an ihre Form, früher häufig als **Spiralnebel** bezeichnet. Seit rund 100 Jahren ist bekannt, dass diese »Spiralnebel« eigene Galaxien sind wie unsere Milchstraße – und damit ihre eigenen Emissions-, Reflexions- und Dunkelnebel besitzen.

Kosmische Rose: Etwa 5000 Lichtjahre entfernt liegt im Sternbild Einhorn der Rosettennebel, eine Wolke aus Gas und Staub. Die Blütenblätter dieser Rose sind Regionen, in denen neue Sterne geboren werden.

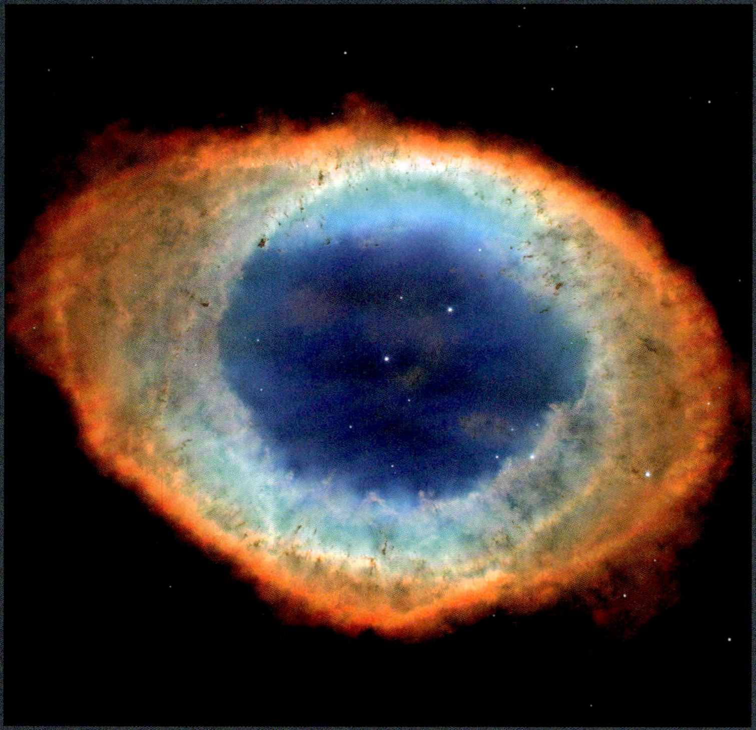
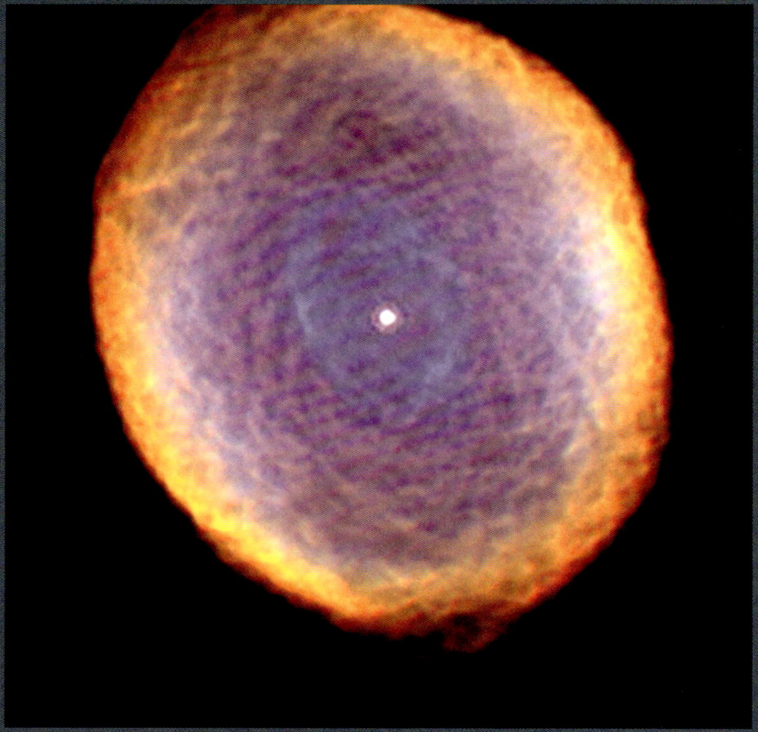

Planetare Nebel haben ihren Namen daher, dass sie in einfachen Fernrohren oft ähnlich erscheinen wie Planeten *(diese Seite)*. Der Pferdekopfnebel (Mitte) und der Flammennebel (links) in der sogenannten Hubble-Palette *(rechte Seite)*.

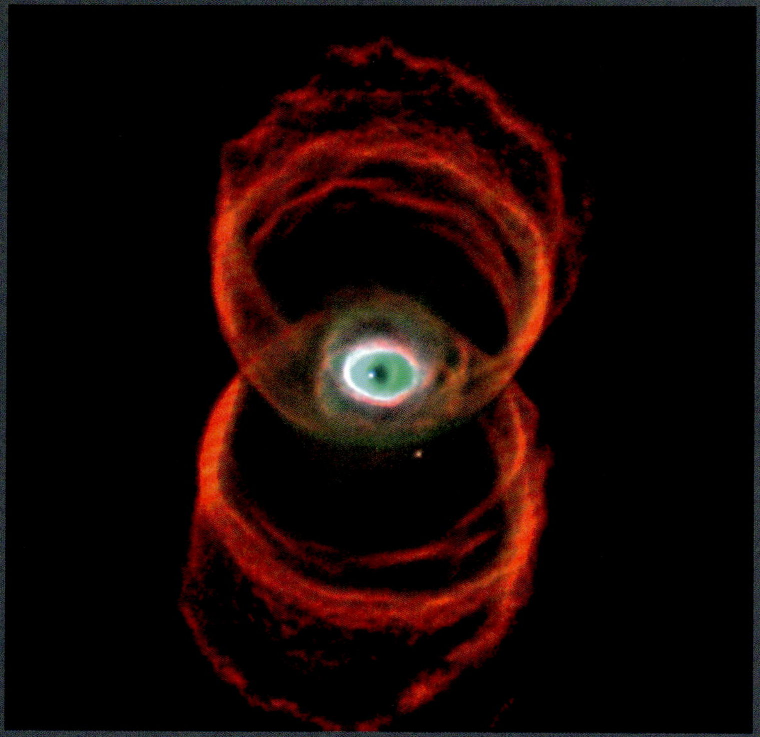

Die Antares-Region im Sternbild Skorpion ist einer der farbenprächtigsten Bereiche der Sommermilchstraße. Es sind Emissions- (rot) und Reflexionsnebel (blau) sowie Dunkelwolken zu sehen *(oben)*. **Die Whirlpool-Galaxie** (M51) ist eine zweiarmige Spiralgalaxie in 25 bis 37 Millionen Lichtjahren Entfernung *(rechts)*.

STEINZEITLICHE SONNENANBETER

DEUTSCHLAND UND DIE ALPEN

Der Lauf der Gestirne war für frühere Kulturen der wichtigste Weg, um den Ablauf des Jahres zu bestimmen. Die größte Bedeutung für das alltägliche Leben hat dabei natürlich die Sonne. Das älteste bekannte Sonnenobservatorium der Welt liegt in Sachsen-Anhalt: In der 1000-Einwohner-Gemeinde Goseck entdeckte der Luftbildarchäologe Otto Braasch bei einem Erkundungsflug 1991 eine verborgene Kreisgrabenanlage aus der Jungsteinzeit. Angelegt wurde sie schon vor rund 6900 Jahren, wie die anschließende Ausgrabung und Radiokarbonanalyse zeigten.

Das Observatorium besteht aus zwei ineinanderliegenden Ringen aus Holzpfählen, umgeben von einem Grabenring von rund 73 Metern Durchmesser. Vom Mittelpunkt der 2005 vollständig rekonstruierten Anlage blickt man zur Wintersonnenwende durch das südöstliche Tor in den Palisaden direkt auf den Sonnenaufgang, durch das südwestliche auf den Sonnenuntergang. Das »deutsche Stonehenge« ist vermutlich kein Einzelfall. Fachleute rechnen damit, dass es im Raum Deutschland, Österreich und Tschechien rund 250 ähnliche Fundplätze gibt, von denen viele aber erst noch archäologisch untersucht werden müssen.

Im Lichtschutzpark Westhavelland in Brandenburg ist die Lichtverschmutzung minimal und die Sichtbarkeit der Milchstraße optimal für Deutschland *(rechts)*. **Nachtpanorama** der Milchstraße auf dem Kickelhahn in Thüringen *(folgende Doppelseite)*.

Mondaufgang über der Veste Coburg in Deutschland *(oben)*. **Die ISS** vor dem Mond in der Nacht zum 2. Januar 2021. Der Transit betrug lediglich 0,6 Sekunden und war nur in einer Region bei Sülzenbrücken in Thüringen zu beobachten *(links)*.

Nachthimmel über dem Thüringer Wald. Typisch für unsere Breiten: Das Milchstraßenzentrum ragt nur knapp über den Horizont. Im Vordergrund ist noch etwas Nebel zu erkennen.

Die Wallfahrtskirche Maria Gern in Berchtesgaden. Der Mond steht über dem berühmten Watzmann *(oben)*. **Das Milchstraßenzentrum** über dem Sylvenstein-Stausee bei Lenggries *(links)*.

Sommergewitter über Ilmenau (Thüringen). Der Blitz schlug nahe des Brückenpylons ein *(oben)*. **Komet** *Neowise* im Jahr 2020. Die Aufnahme von der 2500 Meter hohen Seceda in Südtirol zeigt den blauen Ionenschweif und den Partikelschweif des Kometen *(rechts)*.

Nachtpanorama aus den Dolomiten mit der Schutzhütte Rifugio Antonio Locatelli vor den Drei Zinnen. Darüber erstreckt sich die Milchstraße *(rechts)*. **Über den Wolken** auf 2500 Metern Höhe auf der Seceda in den Dolomiten *(folgende Doppelseite)*.

Nachtaufnahme vom Würzjoch in den Dolomiten *(oben)*. **Die Seiseralm** in den Dolomiten ist wohl die berühmteste Alm der Welt. Das Milchstraßenzentrum leuchtet über dem Platt- und dem Langkofel *(links)*.

» Schön ist's mit den Sternen zu wandern
und gleich ihnen in Bewegung zu sein.
Die verschneiten Berge wirkten im Mondlicht so niedrig und fern,
und hier und da spiegelten sich Streifen von Sternenlicht
in schwarzblankem, nächtlichem Eis. «

Gunnar Gunnarsson

Die Milchstraße über den Drei Zinnen in den Dolomiten.
Wegen der sehr dunklen Lichtverhältnisse innerhalb der Höhle
wurde der Vordergrund schon während der blauen Stunde belichtet.

UNVORSTELLBARE DIMENSIONEN

WIE GROSS IST DAS UNIVERSUM?

Um es vorwegzunehmen: Wir wissen es nicht. Etwas mehr lässt sich allerdings doch über den Kosmos sagen. Seit Edwin Hubble vor knapp 100 Jahren die Ausdehnung des Weltalls entdeckt hat, gilt die Urknalltheorie als weithin akzeptiert. Das Universum begann demnach vor 13,8 Milliarden Jahren in einem einzigen, heißen Punkt. Das Echo dieses Urknalls wabert heute noch durch den Kosmos. Diese sogenannte kosmische Hintergrundstrahlung kommt ziemlich gleichmäßig aus allen Richtungen und ist das Nachglühen des Feuerballs, mit dem alles begann. Genau genommen entstand sie erst 380 000 Jahre nach dem Urknall, weil das Weltall dann erst durchsichtig geworden ist. Bis heute hat sie sich auf minus 270,4 Grad Celsius abgekühlt.

Das Urknallecho ist das älteste Licht der Welt. Weiter können wir nicht in die Vergangenheit blicken. Da die Lichtgeschwindigkeit nach Albert Einsteins Relativitätstheorie die oberste Geschwindigkeitsgrenze darstellt, könnte man meinen, dass wir auch nicht tiefer in den Raum blicken können als 13,8 Milliarden Lichtjahre. Das Weltall hat sich jedoch in dieser Zeit ausgedehnt, daher liegt unser kosmischer Horizont inzwischen bei beachtlichen 46 Milliarden Lichtjahren. Das Licht wurde mit der Expansion des Raums ebenfalls gestreckt, sodass seine Wellen immer länger und seine Farbe immer röter geworden sind. Dieses Phänomen heißt kosmologische Rotverschiebung. Aus ihr lässt sich die Distanz sehr weit entfernter Objekte abschätzen.

In unserer unmittelbaren Umgebung beginnt der Weltraum etwa in 100 Kilometern Höhe. Der Einfluss der Erdatmosphäre ist dort allerdings noch deutlich messbar, daher fliegt beispielsweise die Internationale Raumstation ISS in einer Höhe von rund 400 Kilometern, um nicht zu stark von der dünnen restlichen Lufthülle unseres Planeten abgebremst zu werden.

Unser Mond ist 1000-mal weiter entfernt, er umkreist die Erde im Schnitt in einem Abstand von 400 000 Kilometern. Die Sonne ist bereits 150 Millionen Kilometer entfernt. Ihr Licht benötigt immerhin acht Minuten bis zur Erde. Sollte in diesem Moment ein übernatürliches Wesen die Sonne ausknipsen, würden wir es erst in acht Minuten merken. Zur Grenze unseres Sonnensystems ist es, je nach Richtung, über hundertmal weiter. Die Voyager-Sonden der US-Raumfahrtagentur NASA, die fernsten von Menschen ausgesandten Objekte, benötigten dorthin rund 40 Jahre.

Der nächste Nachbarstern unseres Systems ist Proxima Centauri, ein roter Zwergstern in der Konstellation Zentaur. Er ist bereits 4,3 Lichtjahre entfernt. Ein Funkspruch zu hypothetischen Bewohnern seiner Planeten wäre also 4,3 Jahre unterwegs und die Antwort ebenso lange. Das zeigt bereits, wie gigantisch die Entfernungen im Kosmos sind und wie unwahrscheinlich eine Kommunikation mit oder gar die Erforschung von extrasolaren Systemen ist.

Unsere Heimatgalaxie, die Milchstraße, hat einen Durchmesser von ungefähr 200 000 Lichtjahren und enthält etwa 300 Milliarden Sterne. Zum Zentrum der Milchstraße sind es von unserer Position aus rund 27 000 Lichtjahre, das Licht von dort ist also 27 000 Jahre zu uns unterwegs. Zu unserer nächsten großen Nachbargalaxie, Andromeda, sind es bereits 2,5 Millionen Lichtjahre. Und derartige Sterninseln gibt es zuhauf. Das Hubble-Weltraumteleskop fotografierte Anfang der 2000er-Jahre einen Himmelsausschnitt, der hundertmal kleiner als ein Fingernagel am ausgestreckten Arm erscheint. Auf der Langzeitbelichtung finden sich rund 10 000 Galaxien. Im gesamten sichtbaren Universum gibt es möglicherweise eine Billion Galaxien mit je etwa 200 Milliarden Sternen. In einer klaren Nacht mit diesem Wissen in den Sternenhimmel zu blicken, lässt wohl kaum einen anderer Schluss zu, als dass diese Dimensionen weit über unsere Vorstellungskraft hinausgehen.

Zunehmender Mond: Die Farben auf der Oberfläche stellen Konzentrationen verschiedener Mineralien wie Eisen, Titan und Aluminium dar *(links)*.
Kosmische Konjunktion: Am 21. Dezember 2020 standen Jupiter und Saturn nur ein Zehntelgrad voneinander entfernt am Himmel – so nah wie seit fast 400 Jahren nicht mehr *(oben)*.

DAS STERNENLICHT-RESERVAT

KANAREN UND MADEIRA

Auf der Kanareninsel La Palma ist der Himmel gesetzlich geschützt: Hier gilt das *Ley del Cielo*, das weltweit älteste Gesetz gegen Lichtverschmutzung. Bereits am 31. Oktober 1988 verabschiedete das Parlament der spanischen Inselgruppe im Atlantik das Himmelsgebot. Es erlegt künstlicher Beleuchtung im Freien strenge Regeln auf, um die Beobachtungsqualität am Roque-de-los-Muchachos-Observatorium zu bewahren – und ebenso auch nachtaktive Vögel zu schützen. So wurde die Straßenbeleuchtung gegen orange Speziallampen ausgetauscht, die nur nach unten strahlen. Außerdem hat man Leuchtreklamen stark eingeschränkt sowie den Betrieb von Funksendern reguliert und die Luftverschmutzung begrenzt.

Im April 1992 wurde das Gesetz auf den westlichen Teil der Nachbarinsel Teneriffa ausgedehnt, 2012 erhielt La Palma als erstes »Sternenlicht-Reservat« (Starlight Reserve) eine Zertifizierung der UNESCO. Außer den Observatorien des Instituto del Astrofísica del Canarias (IAC) auf La Palmas Roque und dem Pico del Teide auf Teneriffa profitiert auch die Natur von den strengen Regeln. Denn der Verlust der Nacht macht vielen Tieren zu schaffen, besonders Insekten und Vögeln.

Der Steinbogen Zapatilla de la Reina (Pantoffel der Königin) im Teide-Nationalpark auf Teneriffa unter dem Sternenhimmel. Die Form des Felsens soll an einen Stöckelschuh erinnern.

In 2200 Metern Höhe steht im Teide-Nationalpark auf Teneriffa die Felsformation *Roques de Garcia*. Über dem Fels *La Catedral* leuchtet die Milchstraße *(links)*. **Nachtwanderung** im Teide-Nationalpark unter dem Sternenhimmel *(oben)*.

Die Tajinaste-Pflanze auf Teneriffa wird bis zu drei Meter hoch *(oben)*.
Der Blütenstand der Pflanze ist dicht an dicht mit rosa bis roten Blüten besetzt.
Sie sind einen bis anderthalb Zentimeter lang und können sich blau färben *(rechts)*.

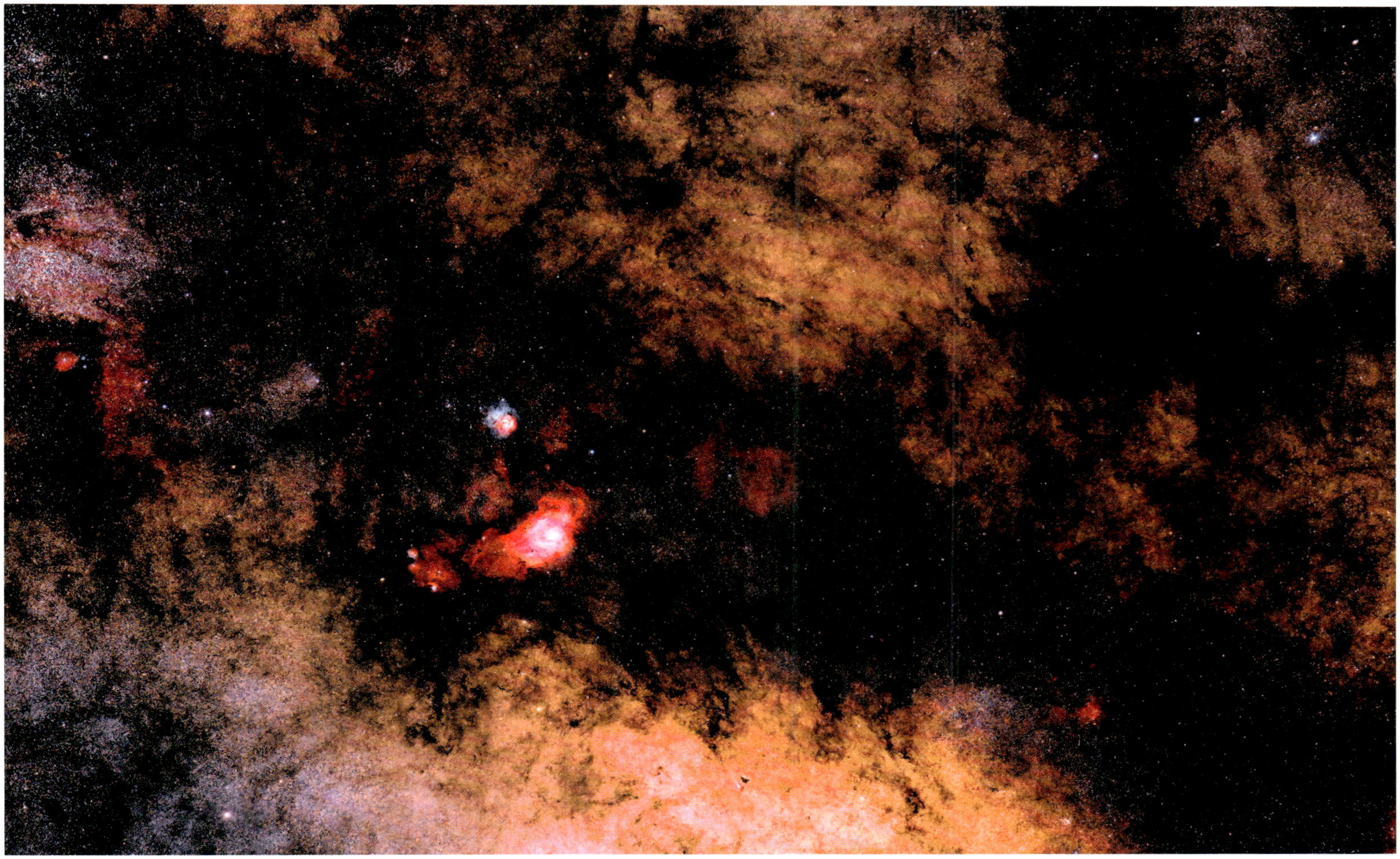

Das Zentrum unserer Milchstraße über dem Teide-Nationalpark. In 2000 Metern Höhe ist die Lichtverschmutzung minimal *(links)*. **Detailaufnahme** des Zentrums unserer Milchstraße. Zu sehen sind der Pfeifennebel, der Lagunen- und der Trifidnebel *(oben)*.

Das Dark Sky® Alqueva-Observatorium im Dorf Cumeada nahe der Stadt Reguengos in Portugal besteht aus einer umgebauten historischen Grundschule. Es bietet zwei Observatorien für visuelle Astronomie und Astrofotografie.

Vom höchsten Berg Madeiras, dem Pico Ruivo (1862 m), lässt sich der Wolkenfall über den Bergen beobachten *(links)*. **Im Fanal-Wald** auf Madeira strömt alle paar Minuten der Nebel ins Tal *(oben)*.

70-28878

DIE HAND DER RIESIN

JORDANIEN

Arabische Astronomen haben zahlreiche Sternnamen geprägt, die heute noch verwendet werden. Etwa den funkelnden Algol, arabisch für Dämon, im Sternbild Perseus, die rote Riesensonne Beteigeuze, arabisch für Hand der Riesin, im Orion oder Deneb, die Schwanzspitze des Schwans. Rund 160 Sterne tragen arabische Namen, wobei nicht alle Eigenschöpfungen sind. Im frühen Mittelalter übersetzten arabische Astronomen zahlreiche astronomische Schriften der Griechen, Aramäer und Perser, einschließlich vieler Bezeichnungen für Himmelskörper.

Fachleute schätzen, dass weltweit rund 10 000 Dokumente aus dieser Blütezeit der arabischen Astronomie überdauerten, die wesentlich dazu beigetragen haben, das astronomische Wissen aus der Antike über das Mittelalter hinweg zu retten. Auch eine Reihe von arabischen Fachbegriffen gehört heute zum Standardvokabular der Astronomie, beispielsweise der Zenit (»Richtung des Kopfes«) für den höchsten Punkt am Himmel und der Nadir (»Gegenstück«) für den gegenüberliegenden Punkt des Zenits sowie der Azimut (»die Wege«) als eine der beiden Himmelskoordinaten im Horizontsystem.

Nachtfahrt durch die Wüste Wadi Rum in Jordanien unter einem fantastischen Milchstraßenpanorama

Magie der Wüste: Nachtaufnahme der Wadi-Rum-Wüste in Jordanien. Man könnte meinen, die Milchstraße spiegelt sich im Sand *(links)*. **Das Milchstraßenzentrum** über Jordanien, eingefangen in einer Glaskugel *(oben)*.

Jordaniens Nachthimmel über futuristisch anmutenden Zelten. Ob so einmal das Panorama über Marssiedlungen aussehen wird?

Der Steinbogen Umm Fruth in der Wüste Wadi Rum bei Nacht. Das Milchstraßenzentrum liegt perfekt darüber *(oben)*. **Die Felsenstadt** Petra erlebte ihre Blütezeit im 2. Jahrhundert vor Christus als Hauptstadt des Nabatäer-Reichs *(links)*.

Zelt unter den Sternen: Gibt es einen besseren Ort zum Schlafen *(oben)*?
Die Felswüste Wadi Rum in Jordanien bei Nacht. Der Himmel ist über Wüsten oft besonders klar *(rechts)*.

INDIANISCHE MYTHEN UND DIE PLEJADEN

DIE USA

Viele Kulturen haben sich am Stand der Sterne orientiert. Bei den Blackfoot-Indianern Nordamerikas gab beispielsweise das Siebengestirn der Plejaden den Startschuss für die Bisonjagd, eine zentrale Nahrungsquelle der Stämme. Verabschiedeten sich Ende April die Plejaden vom Nachthimmel, verschwanden auch die Bisons.

Die Blackfoot verehrten die Sonne als obersten Gott, den Mond als seine Frau und als deren Sohn die auffällig helle Venus, wenn sie als Morgenstern in der Dämmerung leuchtet. Einer Sage zufolge nahmen einst sieben Waisenkinder, denen man wärmende Bisonfelle verweigert hatte, zur Strafe die Bisons mit sich. Der Sonnengott aber rettete die Kinder und versetzte sie an den Sternenhimmel. In zahlreichen Kulturen haben die Plejaden eine besondere Bedeutung.

Der Sternenhimmel bietet einen fantastischen Hintergrund für dieses Panorama aus dem Upper Cathedral Valley im Capitol-Reef-Nationalpark im US-Bundesstaat Utah. Die drei Sandsteintürme wurden von den örtlichen Pionieren und Ranchern *Mom, Pop and Henry* getauft.

Die Plejaden, auch Sieben Schwestern genannt, sind ein offener Sternhaufen. Das Licht der heißen Sterne lässt den umgebenden Reflexionsnebel blau schimmern *(links)*. **Einsamer Baum** im Zion-Nationalpark in Utah vor dem Milchstraßenzentrum *(oben)*.

Der Delicate Arch ist einer der bekanntesten Steinbögen im Arches-Nationalpark in den USA *(links)*. **Ein friedlicher Moment** in einer warmen Nacht in der Wüste von Arizona *(oben)*. **Die Regenbogen-Brücke** im Rainbow Bridge National Monument in Utah *(folgende Doppelseite)*.

Der Nebel der Grand Prismatic Spring im Yellowstone-Nationalpark im US-Staat Wyoming steigt unter dem Panorama der Milchstraße in die Nacht *(oben)*. **Die Milchstraße** über dem Zion-Nationalpark *(rechts)*.

SÜD-
HALBKUGEL

HOCH AM HIMMEL LEUCHTET DER OKTANT

STERNE UND PHÄNOMENE DER SÜDHALBKUGEL

Zirkel, Kompass und Luftpumpe – während sich an der Nordhalbkugel des Firmaments klassische Helden und Sagengestalten die Hand geben, findet sich am Südhimmel allerlei technisches Gerät unter den Sternbildern. Das geht auf den französischen Astronomen Nicolas-Louis de Lacaille (1713–1762) zurück, der Mitte des 18. Jahrhunderts den südlichen Sternenhimmel systematisch kartiert hat.

Lacaille war am 20. November 1750 mit dem Segler »Le Glorieux« nach Südafrika aufgebrochen. Nach einem Umweg über Rio de Janeiro erreichte das Schiff unter dem Kommando von Lacailles Freund Jean Baptiste Nicolas Denis d'Après de Mannevillette fünf Monate später Kapstadt, am 19. April 1751. In den folgenden beiden Jahren katalogisierte Lacaille von dort insgesamt 10 305 einzelne Sterne und definierte die Namen 14 neuer Sternbilder, die alle heute noch in Gebrauch sind.

Offensichtlich hatte Lacaille ein Faible für wissenschaftliche Instrumente, deren Bedeutung er mit einem Platz am Firmament unterstreichen wollte. Und so kommt es, dass neben Luftpumpe (Antlia), Zirkel (Circinus), Kompass (Pyxis) und Mikroskop (Microscopium) auch das Winkelmaß (Norma) und die Pendeluhr (Horologium), welche Lacaille in seinem Observatorium benutzte, sowie das Teleskop (Telescopium) und das Netz (Reticulum), das als Fadenkreuz im Okular eines Fernrohrs dient, am Nachthimmel verewigt sind. Außerdem der chemische Ofen (Fornax), der Oktant (Octans), ein damals übliches Navigationsinstrument, der Maler (Pictor), der Bildhauer (Sculptor) und sein Grabstichel (Caelum). Als Referenz an seinen Arbeitsort schuf Lacaille auch noch das Sternbild Tafelberg (Mensa). Außerdem teilte er die aus dem Altertum stammende Konstellation Schiff (Argo) in Schiffskiel (Carina), Achterdeck (Puppis) und Segel (Vela) auf.

Aktive Sternfabrik

Somit gehen 17 der 88 offiziellen Sternbilder, auf die sich Wissenschaftlerinnen und Wissenschaftler der Internationalen Astronomischen Union (IAU) verständigt haben, auf Lacailles Einteilung zurück. Die meisten davon sind allerdings unscheinbar und von Mitteleuropa aus nicht zu beobachten.

Im Schiffskiel beschrieb Lacaille darüber hinaus als Erster den Carinanebel, eine der aktivsten Sternfabriken der Milchstraße. Der ausgedehnte Emissionsnebel besteht aus Gas und Staub, aus denen sich neue Sterne zusammenballen. Er ist größer und heller als der Orionnebel am Nordhimmel und wie dieser bereits mit bloßem Auge als milchiger Fleck zu erkennen.

Nicht weit vom Carinanebel entfernt liegt das kleinste aller offiziellen Sternbilder: das Kreuz des Südens (Crux). Es wird von vier auffällig hellen Sternen am Südhimmel gebildet und gehört

Die Milchstraße über den Kameldornbäumen von Deadvlei im Namib-Naukluft-Nationalpark in Namibia. Die im 14. und 15. Jahrhundert abgestorbenen Bäume sind wegen der extremen Trockenheit bis heute nicht verrottet *(rechts)*. **Anders als am Nordhimmel** gibt es im Süden keinen Polarstern. Im Zentrum so einer Strichspuraufnahme steht daher kein Stern *(vorhergehende Seite)*.

Der Carinanebel ist eine Sternfabrik im Sternbild Schiffskiel (Carina). Er ist 9600 Lichtjahre von der Erde entfernt *(links)*. **Panorama** des Nachthimmels über Kapstadt: Links vom Tafelberg sind durch die Lichtverschmutzung keine Sterne zu sehen *(folgende Doppelseite)*.

nicht zu den 48 klassischen Sternbildern der Antike, sondern wurde von europäischen Seefahrern im 16. Jahrhundert geprägt. Sie sahen darin nicht nur ein Symbol des Christentums, sondern auch eine praktische Navigationshilfe, denn die Längsachse des Kreuzes zeigt grob auf den Himmelssüdpol, womit sich die Südrichtung bestimmen lässt. Von Mitteleuropa aus ist das Kreuz des Südens nicht zu sehen. Das kleine Sternbild liegt mitten im Band der Milchstraße und besitzt eine Reihe von Sehenswürdigkeiten für Profi- und Hobby-Astronomen, darunter den Kohlensack-Nebel, eine Dunkelwolke, die wie ein Loch im Himmel wirkt und schon mit bloßem Auge sichtbar ist.

Die Milchstraße ist sehr präsent am Südhimmel, der etwas mehr Sterne zu bieten hat als der Nordhimmel, weil hier auch das Zentrum unserer Galaxie liegt. In das galaktische Zentrum selbst lässt sich mit optischen Teleskopen nur schwer hineinblicken, Staubwolken versperren die Sicht. Es liegt im Sternbild Schütze (Sagittarius). Der Schütze ist ein sehr altes Sternbild, das noch von den Sumerern stammt und später von den Griechen übernommen wurde. Es ist die südlichste Konstellation im Tierkreis (also den zwölf Sternbildern, durch die unsere Sonne im Jahresverlauf wandert).

Im Jahr 1977 registrierte das Big-Ear-Radioteleskop der Ohio State University in den USA aus der Richtung des Schützen, jedoch etwas abseits des galaktischen Zentrums, das sogenannte Wow!-Signal, einen 72 Sekunden langen Radiopuls, dessen Herkunft bis heute ungeklärt ist. Es trat nur in einem einzigen der beobachteten Frequenzbänder auf, stieg auf das 30-Fache des Hintergrundrauschens an und verschwand dann wieder. Die gemessenen Eigenschaften passten gut zu einem künstlich erzeugten Signal, und verblüfft schrieb der Astrophysiker Jerry Ehman das Wort »Wow!« an den Rand des Computerausdrucks, über den solche Signale damals gesichtet wurden.

Himmlische Highlights des Schützen

War es ein Versuch der Kontaktaufnahme durch eine außerirdische Zivilisation? Schließlich hat auch die Menschheit mit dem Arecibo-Radioteleskop auf gut Glück eine Nachricht ins All gesandt. Das Wow!-Signal wiederholte sich nicht, und in den folgenden Jahren wurden verschiedene natürliche Ursachen vorgeschlagen, auch eine irdische Herkunft ließ sich nicht völlig ausschließen. Es gilt jedoch bis heute als der aussichtsreichste Kandidat für eine extraterrestrische Botschaft.

Der Schütze besitzt auch zahlreiche weniger flüchtige Highlights: Nicht weit vom galaktischen Zentrum entfernt schimmert dort der Lagunennebel. In dieser großen Gas- und Staubwolke entstehen zahlreiche neue Sterne, die den Nebel mit ihrer Strahlung zum Leuchten bringen. In einer dunklen Umgebung und bei klarem Himmel ist er bereits mit bloßem Auge auszumachen. Dasselbe gilt für den Kugelsternhaufen M22, einen der prächtigsten am ganzen Sternenhimmel. Er besteht aus rund 80 000 Sternen und ist etwa 10 000 Lichtjahre von uns entfernt. Bei M22 gelang einem Forschungsteam 2012 der erste Nachweis eines Schwarzen Lochs in einem Kugelsternhaufen. Tatsächlich fanden die Forscherinnen und Forscher dort sogar gleich zwei Schwarze Löcher, was die Fachwelt verblüffte. Aus Gründen der Himmelsmechanik hatte es bis dahin als ausgeschlossen gegolten, dass mehr als ein Schwarzes Loch in einem Kugelsternhaufen überdauern kann. Die beiden Exemplare in M22 besitzen jeweils die Masse von 10 bis 20 Sonnen.

Im Herz unserer Heimatgalaxie lauert dagegen ein ungleich größeres Monster: Das gigantische Schwarze Loch mit der Bezeichnung Sagittarius A* vereint die Masse – und die Schwerkraft – von gut vier Millionen Sonnen. Gegenwärtig schläft das Schwerkraftmonster. An anderen Galaxien lässt sich jedoch beobachten, was passiert, wenn es erwacht und aktiv wird. Astronominnen und Astronomen gehen davon aus, dass sich im Zentrum jeder großen Galaxie so ein supermassereiches Schwarzes Loch befindet. Materie, die ihm zu nahe kommt, sammelt sich in einem reißenden Mahlstrom, in dem sie immer heißer wird, bevor sie schließlich auf Nimmerwiedersehen hinter dem Ereignishorizont des Schwarzen Lochs verschwindet. Dabei kann die Materie so heiß werden, dass sie selbst noch im Röntgenbereich hell strahlt. Oft bilden sich in solchen aktiven Galaxienkernen aus dem Mahlstrom intensive Materie-Jets, die senkrecht nach oben und unten schießen und weit über die Scheibe der jeweiligen Galaxie ins All hinausragen.

Ungemütliches Zentrum

Für Sterne und Planeten in der Nähe ist das ungemütlich. Insbesondere würden zaghafte Triebe entstehenden Lebens sofort geröstet. Falls es also irgendwo außerirdisches Leben geben sollte, dann bestimmt nicht im Zentrum einer aktiven Galaxie. Und obwohl ihr Schwarzes Loch derzeit schlummert, wäre auch das Zentrum unserer Milchstraße vermutlich nicht als Lebensraum geeignet. Die hohe Dichte an Sternen, Gas und Staub führt nach Analysen von Forscherinnen und Forschern alle paar Dutzend Millionen Jahre zu einer intensiven Phase der Sternproduktion, bei der auch regelmäßig Riesensonnen entstehen, die typischerweise sehr verschwenderisch mit ihrem Brennstoff umgehen. Diese Sternrie-

Der Kohlensack ist eine auffällige Dunkelwolke am Südhimmel. Dort schluckt Staub das Licht der dahinterliegenden Sterne. Der Kohlensack liegt im kleinen, aber markanten Sternbild Kreuz des Südens, dessen hellster Stern rechts auf der Aufnahme strahlt.

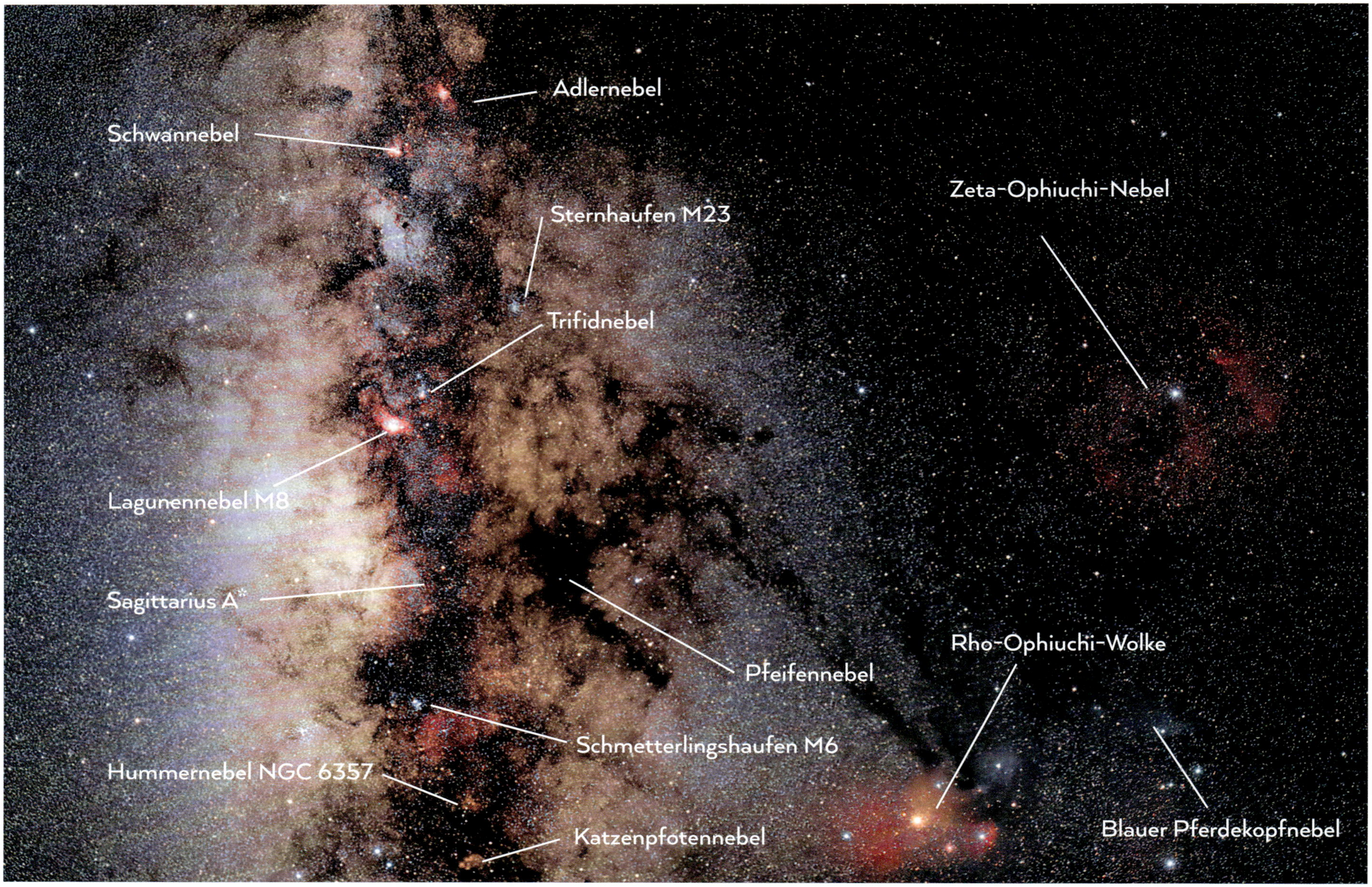

Die Zentralregion der Milchstraße ist reich an Sternen, Staubwolken und Gasnebeln. Im Herzen unserer Heimatgalaxie haust ein besonderes Objekt: Das Schwarze Loch Sagittarius A* besitzt die Masse von vier Millionen Sonnen. Es ist 27 000 Lichtjahre von uns entfernt.

sen brennen schnell aus und explodieren dann als Supernova, wobei ihre kosmische Nachbarschaft mit Strahlung gegrillt wird.

Gemessen an der langen Entwicklungsgeschichte des Lebens auf unserem Planeten ereignen sich diese kosmischen Katastrophen im Zentrum der Milchstraße viel zu häufig, um extraterrestrischem Leben dort eine Chance zu lassen. Bei der Fahndung nach E.T. sollte der Blick also besser in ruhigere Gefilde der Galaxis schweifen.

Wie der Blick zum galaktischen Zentrum ist auch der südliche Sternenhimmel an sich selbst bei klarem Wetter nie ganz wolkenfrei: Nacht für Nacht ziehen dort die Magellanschen Wolken über das Firmament. Diese beiden milchigen Flecken am Himmel sind allerdings von außerirdischer Natur: Es handelt sich um zwei kleine Satellitengalaxien unserer Milchstraße, sie liegen also nicht in unserer Atmosphäre und noch nicht einmal in unserer Heimatgalaxie. Die Große Magellansche Wolke ist ungefähr 163 000

Lichtjahre entfernt und besteht aus 15 Milliarden Sternen, die Kleine Magellansche Wolke ist mit 200 000 Lichtjahren noch etwas weiter weg und besitzt etwa 5 Milliarden Sterne.

Beide gehören zu den auffälligsten Objekten am Südhimmel und sind sicherlich seit prähistorischer Zeit bekannt. Die erste schriftliche Erwähnung ist jedoch vom persischen Astronomen Al Sufi überliefert, der sie im Jahr 964 in seinem *Buch der Fixsterne* beschrieb. Ihre heutige Bezeichnung erhielten die Magellanschen Wolken durch den seinerzeit populären Reisebericht des Italieners Antonio Pigafetta über die Weltumseglung des portugiesischen Seefahrers Ferdinand Magellan, der im Jahr 1525 erschien.

Die beiden Zwerggalaxien sind in kosmischen Maßstäben wahrscheinlich noch nicht lange Begleiter unserer Milchstraße. Sie pflügen durch die Außenbezirke unserer Heimatgalaxie, den galaktischen Halo, ähnlich wie Schiffe durchs Wasser. Eine detaillierte Analyse zeigt, dass die Große Magellansche Wolke dabei eine Heckwelle aus Riesensternen hinter sich herzieht. Demnach dreht die Zwerggalaxie noch ihre erste Runde um die Milchstraße und ist erst vor wenigen hundert Millionen Jahren zu unserer Heimatgalaxie gestoßen.

Der Halo der Milchstraße enthält nicht nur Sterne, sondern vermutlich auch erhebliche Mengen sogenannter Dunkler Materie – ein mysteriöser Stoff, dessen Natur noch völlig unbekannt ist. Dunkle Materie ist unsichtbar – nicht, weil sie nicht leuchtet, sondern weil sie prinzipiell nicht mit Licht wechselwirkt – und verrät sich nur über ihre Schwerkraft. Astronomen wissen, dass es sie gibt, weil beispielsweise große Spiralgalaxien so schnell rotieren, dass sie ohne die zusätzliche Schwerkraft der Dunklen Materie von der Fliehkraft auseinandergerissen würden.

Die Große Magellansche Wolke ist auf Kollisionskurs mit der Milchstraße. Zumindest sagen das Supercomputer-Simulationen eines britischen Forschungsteams voraus. In etwa 2,4 Milliarden Jahren wird die Satellitengalaxie demnach mit der Milchstraße zusammenstoßen und sie gehörig durcheinanderwirbeln. Das ist in kosmologischen Maßstäben bald.

Ein Galaxiencrash führt in der Regel nicht dazu, dass wirklich Himmelskörper miteinander zusammenstoßen. Dazu sind die Leerräume zwischen den Sternen einfach zu groß. Die Schwerkraft schleudert dabei jedoch Materie umher, und so können auch ganze Sterne und Planetensysteme aus der Galaxie hinauskatapultiert werden. Selbst für unser Sonnensystem kann das nicht ausgeschlossen werden, allerdings ist unsere Sonne in 2,4 Milliarden Jahren bereits ein alternder Stern, dessen Strahlung voraussichtlich schon so weit zugenommen hat, dass Flüsse und Ozeane auf der Erde verdampfen. Die Menschheit, sofern sie noch existiert, muss sich dann ohnehin eine neue Heimat suchen.

Kosmischer Crash

In Folge eines solchen Zusammenstoßes wird es im Zentrum der Milchstraße turbulent. Viele neue Sterne werden in den durcheinandergewirbelten Gas- und Staubwolken geschmiedet, darunter Riesensonnen, die schnell ausbrennen, als Supernovae explodieren und dabei ihre kosmische Nachbarschaft mit Strahlung rösten. Um das große Schwarze Loch im Zentrum der Milchstraße bildet sich ein gigantischer Strudel von herabstürzendem Material, wodurch es nach Ansicht des britischen Teams endlich auf normale Größe heranwachsen wird, denn zurzeit ist es für eine Galaxie wie die Milchstraße eher mager. Voraussichtlich bilden sich aus dem Materiestrudel dann die von anderen aktiven Galaxienkernen bekannten gigantischen Materie-Jets, die oben und unten senkrecht aus dem Umfeld des Schwarzen Lochs und weit aus der Scheibe der Milchstraße herausschießen. Das alles lässt sich bei anderen Galaxienkollisionen im Kosmos beobachten.

Die Milchstraße wird dadurch nach Meinung des britischen Forschungsteams endlich zu einer typischen großen Spiralgalaxie. Dieser Zustand ist allerdings auch vergänglich, denn die Kollision mit der Großen Magellanschen Wolke ist nur ein Vorbote des wirklich großen Crashs mit der Andromedagalaxie, der etwa zwei bis vier Milliarden Jahre später erwartet wird. Aus diesem Zusammenstoß wird sich eine große elliptische Galaxie formen, die Milchstraße ist damit Geschichte.

OTC

KANU UND LIEBESSPIEL AM HIMMEL

AUSTRALIEN

Australiens Ureinwohner haben wie die meisten Kulturen ihre eigenen Sternbilder geschaffen: Die Konstellation, die in Europa als der Himmelsjäger Orion aus der griechischen Mythologie bekannt ist, stellt für die Aborigines des nordaustralischen Stamms der Yolngu ein Kanu dar. Die drei markanten Gürtelsterne sind dabei drei Brüder, die eines Tages mit ihrem Kanu zum Fischen fuhren und dabei verbotenerweise einen Sägefisch verspeisten. Das erzürnte die Sonnen-Frau Walu, die eine Wasserhose beschwor und die Brüder samt Kanu an den Sternenhimmel versetzte. Der linke Schulterstern des Orion, Beteigeuze, und der rechte Fuß des Himmelsjägers, Rigel, stellen bei den Yolngu Bug und Heck des Kanus dar, der Orionnebel oberhalb der drei Brüder den verbotenen Fisch.

Die Sonne ist in der Aborigines-Mythologie wie in Deutschland weiblich, der Mond männlich. Die Sonnen-Frau Walu wandert jeden Tag mit ihrer Fackel über den Himmel. Morgens färbt sie die Wolken, wenn sie mit der typischen ockerfarbenen Erde Australiens ihren Körper bemalt. Abends löscht sie die Fackel und legt sich schlafen. Für Sonnenfinsternisse hatten die Yolngu dabei eine romantische Deutung: Zu ihr kommt es, wenn der Mond-Mann Ngalindi die Sonnen-Frau beim Liebesspiel verdeckt.

Die australische Satelliten-Erdfunkstelle in Carnavon diente einst der Kommunikation im Apollo-Mondprogramm der NASA, wurde aber 1987 ausgemustert. Eine kanadische Firma hat sie 2022 gepachtet, um mit ihr Satelliten im geostationären Orbit zu verfolgen.

Relaxen unter dem Sternenhimmel: Campingplatz mit kosmischer Aussicht in Westaustralien *(oben)*. **Nachts** am Ayers Rock oder Uluru, wie die australischen Ureinwohner ihn nennen. Der aufgehende Mond beleuchtet den Vordergrund *(rechts)*.

Fenster in die Natur: Der Felsbogen *Nature's Window im Kalbarri-Nationalpark in Westaustralien ist ein wundervoller Ort für die Nachtfotografie (oben).* **Die Hamersley-Schlucht** im Karijini-Nationalpark in Westaustralien *(links)*.

» I'm the snow, the wind and the falling rain
I'm part of the rocks and the red desert earth
I am this land
And this land is me
I am Australia. «

Hyllus Maris: Spiritual Song of the Aborigine

Nachtpanorama aus dem Kalbarri-Nationalpark in Westaustralien. Über eine der vielen interessanten Gesteinsformationen spannt sich der Bogen der Milchstraße.

DREI ZEBRAS UND DIE TÖCHTER DES HIMMELSGOTTES

SÜDLICHES AFRIKA

Wie in vielen Kulturen spielte auch bei den Völkern im südlichen Afrika der auffällige Sternhaufen der Plejaden eine besondere Rolle. Tauchten die *IsiLimela*, wie die Sternenkonstellation dort genannt wird, am Himmel auf, war es Zeit, den Boden umzugraben und die Felder zu bestellen. Quer durch Afrika diente der markante offene Sternhaufen den Menschen früher als landwirtschaftlicher Indikator.

Es ranken sich zudem zahlreiche Legenden um die Plejaden. Bei den Namaquas, einer Volksgruppe im südlichen Afrika, galten die Plejaden als Töchter des Himmelsgottes. Eines Tages versuchte ihr Ehemann, der durch den Stern Aldebaran in unserem Sternbild Stier symbolisiert wird, mit seinem Pfeil drei Zebras zu erlegen, die durch die drei Gürtelsterne in unserem Sternbild Orion dargestellt werden. Er schoss zu kurz, wollte aber ohne Beute nicht nach Hause zurückkehren. Seinen Pfeil, der bei uns das Schwert des Orions ist, konnte er nicht wiedererlangen, solange der grimmige Löwe, Orions Schulterstern Beteigeuze, auf die Zebras lauerte. Und so sitzen sie alle noch heute am Himmel.

Der Köcherbaumwald bei Keetmanshoop in Namibia verzaubert besonders in sternklaren Nächten. Köcherbäume sind eigentlich keine Bäume, sondern gehören zur Gattung der Aloen. Einheimische verwendeten ihre Äste als Köcher.

Zwei Freunde bewundern das Himmelspanorama über Deadvlei in Namibia. Der weiße Boden besteht aus einer feinen Sand- und Tonschicht und bildet einen Kontrast zu den roten Dünen *(oben)*. **Planet Deadvlei:** Little-Planet-Aufnahme mit Milchstraße *(rechts)*.

Milchstraßenpanorama mit Zodiakallicht über dem Köcherbaumwald bei Keetmanshoop in Namibia. Beim Zodiakallicht handelt es sich um Sonnenlicht, das an Gas und Staub im All reflektiert wird. Es ist nur in besonders dunklen Nächten zu sehen.

Sternenlicht mischt sich mit Lichtverschmutzung im Namib-Naukluft-Nationalpark *(oben)*. **Felsbogen** nahe der Spitzkoppe in Namibia *(rechts)*. **Nachtpanorama** auf La Réunion. Die Wolken werden von den Städten Saint-Dennis und Saint-Paul beleuchtet *(folgende Doppelseite)*.

Affenbrotbäume: Die Milchstraße *(links)* und der Mond *(oben)* leuchten über den Affenbrotbäumen von Madagaskar. Die Baobabs wachsen die ersten Jahrzehnte ihres Lebens in die Höhe, blühen nach 60 bis 70 Jahren erstmals und werden mehrere Hundert Jahre alt.

IST DA JEMAND?

DIE SUCHE NACH AUSSERIRDISCHEM LEBEN

Sind wir allein im Universum? Diese Frage ist sicher eine der größten der Menschheit. Angesichts der Sternenfülle der Milchstraße, die besonders eindrucksvoll am Südhimmel funkelt, keimt wahrscheinlich nicht nur bei Science-Fiction-Fans die Hoffnung auf einen weiteren Hort des Lebens irgendwo in der Vielzahl der Welten dort draußen – und vielleicht sogar auf eine zweite technische Zivilisation wie unsere.

Die Zahl möglicher Kandidaten ist groß: Tatsächlich gibt es in unserer Heimatgalaxie mehr Planeten als Sterne, also mindestens hundert Milliarden, eventuell sogar über 400 Milliarden, und die Milchstraße ist nur eine von möglicherweise bis zu einer Billion Galaxien im beobachtbaren Weltall.

Habitable Zone

Schätzungen zufolge besitzt jeder zweite Stern der Milchstraße sogar einen Planeten vom Format der Erde. Die meisten solcher Exoplaneten, wie die Planeten anderer Sterne bezeichnet werden, umkreisen ihre jeweilige Sonne allerdings nicht in der gemäßigten Temperaturzone, die für Leben förderlich ist. Und selbst unter denen, die in dieser »habitablen Zone« ihre Bahn ziehen, sind die Bedingungen vermutlich selten optimal. Aber angesichts der unmöglichen Orte, an denen sich auf unserem eigenen Planeten das Leben eingenistet hat – von kochenden Quellen in der Tiefsee bis zu eisigen Gebirgswüsten –, müsste es da im Weltall nicht vor Leben nur so wimmeln? Wir wissen es nicht.

Leider ist es nicht möglich, schnell mal eben nachzuschauen. Denn so flink wie in Science-Fiction-Filmen ist das interstellare Reisen in der Realität nicht. Unser nächstes Nachbarsternsystem liegt am Südhimmel: Hier leuchtet in der Konstellation Zentaur der Stern Alpha Centauri. Er ist sehr auffällig und der dritthellste Stern am gesamten irdischen Nachthimmel, nach Sirius im Großen Hund und Canopus im Sternbild Schiffskiel. Alpha Centauri ist eigentlich ein System aus drei Sternen: Zwei unserer Sonne ähnliche Sterne kreisen dort umeinander, und das Duo wird wiederum in einigem Abstand von einem roten Zwergstern umrundet. Dieser Rote Zwerg ist gegenwärtig unser nächster Nachbarstern im All und wurde daher Proxima Centauri getauft (proxima = nächster).

Proxima Centauri hat mindestens zwei Planeten. Einen kleinen, der nur etwa 30 Prozent der Masse der Erde besitzt und sehr eng um den Zwergstern läuft. Sowie einen weiteren, der in etwa so groß und massereich ist wie die Erde und sich innerhalb der habitablen Zone bewegt. Diese Zone ist definiert als der Bereich, in dem Wasser auf einem Planeten flüssig wäre. Denn flüssiges Wasser ist eine Grundvoraussetzung für Leben, wie wir es kennen. Wenn es also auf diesem Planeten von Proxima Centauri Wasser geben sollte, wäre es voraussichtlich flüssig.

Kosmischer Katzensprung

Der Planet erfüllt damit einige wichtige Voraussetzungen für die Entstehung von Leben. Es wäre also hochspannend, ihn zu erkunden. Proxima Centauri ist knapp 4,25 Lichtjahre entfernt, kosmisch ist das ein Katzensprung. Zum Vergleich: Unsere Heimatgalaxie, die Milchstraße, hat einen Durchmesser von rund 200 000 Lichtjahren. Umgerechnet beträgt die Entfernung zu Proxima Centauri ziemlich genau 40 Billionen Kilometer – also 40 000 000 000 000 Kilometer – eine leider für uns (noch) kaum zu bewältigende Distanz. Eine Raumsonde mit der

Der kleinere Planet von Proxima Centauri (künstlerische Darstellung) umkreist seinen Heimatstern so eng, dass seine Durchschnittstemperatur rund 90 Grad Celsius betragen dürfte: schlechte Voraussetzungen für Leben.

Geschwindigkeit der berühmten »Voyagers« der US-Raumfahrtbehörde NASA wäre zu unserem nächsten Nachbarplanetensystem knapp 74 000 Jahre unterwegs.

Wissenschaftlerinnen und Wissenschaftler tüfteln derzeit an Konzepten, die Strecke schneller zu überwinden. Das Projekt »Breakthrough Starshot« beispielsweise erkundet, ob es möglich ist, eine Flotte kleiner und leichter Nanosonden auf den Weg zu Proxima Centauri zu schicken, die mit Sonnensegeln ausgerüstet sind und von einem starken Laser auf einen erheblichen Anteil der Lichtgeschwindigkeit beschleunigt werden. So sollen die Nanosonden unser Nachbarsternsystem in einer wenigstens noch überschaubaren Zeit von etwas mehr als 20 Jahren erreichen, es erkunden und die Daten zur Erde zurücksenden. Diese Funksignale wären dann allerdings noch mal vier Jahre und drei Monate unterwegs.

Sofern eine derartige interstellare Mission auch alle anderen Hürden meistert, könnte sie einmal den faszinierenden ersten Blick auf die Oberfläche eines Exoplaneten liefern. Mögliches Leben würde sie allerdings nicht unbedingt zuverlässig entdecken können – je nachdem, ob es auf der Oberfläche sprießt oder sich

möglicherweise in einem globalen Ozean, unter Gletschern oder im Gestein verbirgt.

Ein anderer Weg zur Suche nach außerirdischem Leben ist die Fernerkundung mit Teleskopen. So sind viele der bislang bekannten Exoplaneten entdeckt worden, weil sie von der Erde aus gesehen regelmäßig vor ihrem jeweiligen Heimatstern vorbeilaufen und ihn dabei ein wenig abdunkeln. Diese regelmäßigen Helligkeitsschwankungen haben einen charakteristischen Verlauf und lassen sich sehr gut messen.

Biosignaturen

Während der Planet vor seinem Heimatstern vorbeiwandert, durchleuchtet dieser die Planetenatmosphäre von hinten – sofern eine Atmosphäre existiert. Die Planetenatmosphäre absorbiert dabei je nach chemischer Zusammensetzung bestimmte Anteile des Sternenlichts. Mit einer detaillierten Analyse des Sternenlichts lässt sich so nach chemischen Verbindungen wie Methan und Sauerstoff suchen, die Signaturen für biologische Prozesse sein können. Der Planet von Proxima Centauri gehört leider nicht zu diesen Transit-Exoplaneten.
Bislang haben Astronominnen und Astronomen auch anderswo noch keinen aussichtsreichen Hinweis auf außerirdisches Leben erspäht, aber die Suche steht noch ganz am Anfang, und die Kandidaten sind ungezählt.

Ewiger Sonnenuntergang: Der Exoplanet Proxima Centauri b wendet seinem Heimatstern vermutlich immer dieselbe Seite zu – wie der Mond der Erde. Dadurch steht seine Sonne stets an derselben Stelle des Himmels, abhängig davon, wo man sich auf dem Planeten befindet.

SCHATTENSPIELE AM FLUSS

SÜDAMERIKA

Am großen Fluss geben sich Kröte, Lama, Fuchs und Schlange ein Stelldichein. So sahen die Inka in Südamerika den Sternenhimmel. Sie kannten zwei Arten von Konstellationen: unbelebte aus Sternen, ähnlich den Sternbildern, wie wir sie kennen. Und daneben lebendige Tiere, deren Schatten sich vor der Milchstraße abhebt. Diese Schatten sind Dunkelwolken, die den Blick auf dahinterliegende Sterne verbergen. Die Milchstraße deuteten die Inka als Fluss, aus dem die Tiere trinken, wenn sie durstig sind. Auch der Tierkreis der Inka, also die Konstellationen, die auf dem Jahrespfad der Sonne liegen, besteht aus Schattenbildern.

Die Himmelsbeobachtung spielte im Inkareich eine bedeutende Rolle. Sie hatte dabei große praktische Bewandtnis für die Landwirtschaft. Rund um die alte Inkahauptstadt Qosqo (Cusco in Peru) standen Aufzeichnungen zufolge bis ins 16. Jahrhundert Türme, die beispielsweise auf den Sonnenuntergang oder -aufgang zur Sonnenwende ausgerichtet waren. Mithilfe dieser Kultstätten, der *Huaca*, bestimmten die Inka die richtigen Zeitpunkte, um in bestimmten Höhen ihres gebirgigen Reichs Nutzpflanzen auszusäen oder anzupflanzen.

Der Sternenhimmel über der größten Salzpfanne der Erde, Salar de Uyuni in Bolivien, spiegelt sich im See.

Die Wüstenhand: Das elf Meter hohe Kunstwerk *La Mano Del Desierto* in der Atacamawüste in Chile *(oben)*. **Atemberaubender Blick** auf die Milchstraße über dem Atacama Large Millimeter/submillimeter Array (ALMA) *(rechts)*. **Die Milchstraße** über den Türmen des Very Large Telescope (VLT) auf dem Cerro Paranal in Chile *(folgende Doppelseite)*.

MYSTERIUM IM HERZEN UNSERER GALAXIE

DAS SCHWARZE LOCH

Lange Zeit gab es nur indirekte Beweise für die Existenz des Schwarzen Lochs im Herzen unserer Galaxie. Das generelle Problem an Schwarzen Löchern ist, dass sie auch das Licht nicht entweichen lassen, und daher nicht selbst zu beobachten sind. Allerdings regen supermassereiche Exemplare wie Sagittarius A* im Zentrum der Milchstraße ihre unmittelbare Umgebung zur Aussendung von Strahlung an. Als Indiz für so ein Monster-Schwarzes-Loch gilt daher charakteristische Radio- und Röntgenstrahlung, die aus einem sehr kompakten Gebiet kommt.

In unserer Heimatgalaxie haben Astronominnen und Astronomen mit ausgeklügelten Techniken die Bewegung einzelner Sterne um das galaktische Zentrum seit den 1990ern jahrelang verfolgt. Die beobachteten Bahnen ließen nur einen Schluss zu: Es muss im Zentrum der Milchstraße das vermutete Schwarze Loch existieren. Kein anderes Objekt könnte solch eine Schwerkraft – und die dazu nötige Masse – auf so kleinem Raum vereinen. Für diesen Nachweis erhielten die US-Astronomin Andrea Ghez und der deutsche Astronom Reinhard Genzel 2020 den Nobelpreis für Physik.

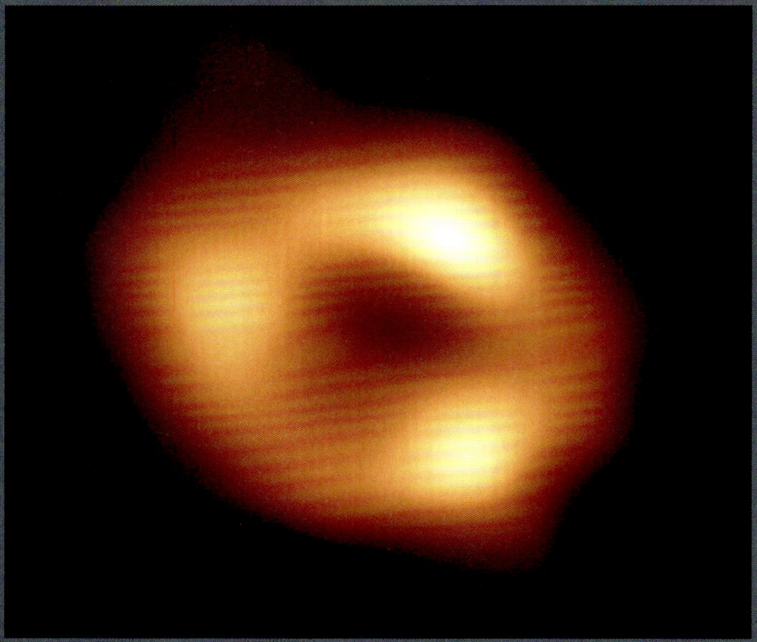

Bild: EHT Collaboration

Virtuelles Teleskop

Inzwischen ist es gelungen, ein erstes Bild vom Schwerkraftmonster im Zentrum unserer Galaxie aufzunehmen. Oder zumindest von dessen Schatten. In einem weltweiten Projekt wurden dafür über den Globus verteilte große Radioteleskope zu einem virtuellen Riesenteleskop zusammengeschaltet, dem »Event Horizon Telescope«, benannt nach dem Ereignishorizont (event horizon), der Schwelle ohne Wiederkehr an der Grenze zum Schwarzen Loch.

Mit diesem gigantischen Instrument ließ sich die Umgebung von Sagittarius A* 2017 ablichten, ebenso wie jene des gigantischen Schwarzen Lochs im Zentrum der rund 55 Millionen Lichtjahre entfernten Galaxie M87. Die Zusammenführung und Auswertung der Daten der beteiligten Teleskope ist sehr aufwendig und nahm für das Bild von Sagittarius A* rund fünf Jahre in Anspruch. Die Aufnahme zeigt den Schatten des Schwarzen Lochs inmitten eines leuchtenden Rings.

Bild: NASA/JPL-Caltech

Künstlerische Darstellung eines supermassereichen Schwarzen Lochs und der umgebenden Akkretionsscheibe aus Material, das einmal in das Schwarze Loch fallen wird *(oben)*. **Das erste Foto** vom Schwarzen Loch im Herzen unserer Galaxie *(links)*.

SÜDPOLAR-
REGION

FUNKELN IM EWIGEN EIS

HIMMELSBEOBACHTUNGEN IN DER ANTARKTIS

Das markante Funkeln der Fixsterne, das wir in einer klaren Sommernacht beobachten können, ist für Astronominnen und Astronomen ein Ärgernis: Denn es ist keine Eigenschaft der Sterne selbst, sondern entsteht erst durch die Luftunruhe unserer Atmosphäre. Turbulenzen in der Luft lenken das Sternenlicht geringfügig ab, lassen es hin und her tanzen und damit funkeln. Je stärker die Turbulenzen, desto weniger feine Details lassen sich jedoch erkennen.

Den besten Blick in den Sternenhimmel bietet auf unserem Planeten ein entlegenes Hochplateau in der Antarktis. Die Luft über dem 4000 Meter hohen Dome A, 900 Kilometer vom Südpol entfernt, ist so ungestört und klar wie nirgends sonst auf der Erde. Dies haben Messungen eines internationalen Teams im Jahr 2020 gezeigt.

In der Fachwelt werden die Beobachtungsbedingungen mit dem englischen Begriff Seeing bezeichnet. Je geringer die Luftunruhe, desto besser das Seeing. Die Turbulenzen spielen sich dabei im Wesentlichen in der Grenzschicht der Atmosphäre direkt über dem Erdboden ab. Unter anderem verwirbeln Häuser, Bäume und Berge die über sie hinwegstreichende Luft. Auch die Temperatur des Bodens, der die Luft erwärmt und aufsteigen lässt, spielt eine Rolle. Und je wärmer die Luft, desto mehr störender Wasserdampf kann sich in ihr sammeln.

Am Äquator etwa ist es warm und die Grenzschicht der Atmosphäre typischerweise einige Hundert Meter dick. Unter anderem deshalb bauen Astronominnen und Astronomen ihre Observatorien bevorzugt auf Berge wie den 4000 Meter hohen Vulkan Mauna Kea auf Hawaii oder den 2400 Meter hohen Roque de los Muchachos auf der Kanareninsel La Palma, wo das Seeing sehr viel besser ist als auf Meereshöhe. Auch dort erzeugt die raue Oberfläche allerdings noch Luftunruhe.

Rekordkälte und extreme Trockenheit

Der antarktische Dome A hingegen liegt nicht nur relativ hoch, auf ihm erstreckt sich auch über Hunderte Kilometer eine glatte Eisschicht, die kaum Auslöser für Turbulenzen bietet. Zudem ist er einer der kältesten Orte der Erde. Im antarktischen Winter wurde dort eine Rekordkälte von bis zu −98 Grad Celsius gemessen. Durch die extreme Kälte ist die Luft sehr trocken und enthält kaum Wasserdampf. Und die turbulente Grenzschicht der Atmosphäre ist am Dome A im Schnitt nur knapp 14 Meter dünn. Schon ein Teleskop auf einem entsprechend hohen Turm läge damit oberhalb der Turbulenzen.

Die optische Auflösung auf den Bergen von Hawaii und den Kanaren liegt bei etwa 0,6 bis 0,8 Bogensekunden, das entspricht ungefähr der Dicke eines menschlichen Haars aus

Sterne und Polarlichter schillern am Nachthimmel über dem Südpol *(vorhergehende Seite)*. **Unter den Sternen** neben dem Atmosphärenforschungsobservatorium an der US-Amundsen-Scott-Station am geografischen Südpol *(rechts)*.

» Schwarze Löcher sind dort, wo Gott durch null geteilt hat. «

Albert Einstein

20 Metern Abstand. Bei Tests mit einem acht Meter hohen Teleskopturm erreichte das internationale Forschungsteam dagegen am Dome A eine mittlere Auflösung von 0,3 und einen Bestwert von 0,13 Bogensekunden. Besseres Seeing gibt es nur noch im Erdorbit außerhalb der Atmosphäre – allerdings sind Satellitenobservatorien sehr teuer, lassen sich nicht beliebig groß bauen und schon gar nicht regelmäßig mit neuen Instrumenten und Computern ausstatten.

In der klaren Luft der Antarktis ist der Sternenhimmel sehr präsent, die Milchstraße scheint oft zum Greifen nah. Dome A bietet aber nicht nur ausgezeichnete Beobachtungsbedingungen für optische Teleskope, sondern besonders auch für die Infrarotastronomie, die sonst vom Erdboden aus kaum möglich ist. Allerdings bietet Dome A wohl die unwirtlichsten Bedingungen, die auf der Erdoberfläche existieren. Daher müssen Teleskope dort ferngesteuert oder automatisch betrieben werden, ein bemanntes Observatorium lässt sich kaum errichten – zumal es gerade im harschen antarktischen Winter besetzt sein müsste, denn im Südpolsommer wird es wie am Nordpol auch kaum dunkel.

Automatische Teleskope

An der nur im Sommerhalbjahr bewohnten chinesischen Kunlun-Station, der einzigen am Dome A, haben chinesische, australische und US-amerikanische Wissenschaftlerinnen und Wissenschaftler bereits automatische Teleskope getestet, und es gibt Überlegungen für ein Infrarotteleskop, unter anderem zur Suche nach Planeten anderer Sterne, sowie für ein Teleskop zur Beobachtung von sogenannter Terahertz-Strahlung. Diese liegt zwischen dem Infrarotbereich und den Mikrowellen und lässt sich vom Erdboden aus vermutlich nur dort routinemäßig beobachten. Am Ridge A, rund 140 Kilometer vom Dome A entfernt, ist 2012 das von Australien und den USA errichtete ferngesteuerte automatische High Elevation Antarctic Terahertz Telescope HEAT in Betrieb gegangen. Ridge A konkurriert mit Dome A um die besten Beobachtungsbedingungen der Erde.

Extreme Umweltbedingungen

Trotz der guten Sichtbedingungen gibt es in der Antarktis insgesamt nur eine Handvoll astronomische Observatorien. Eine Hürde sind die extremen Umweltbedingungen. Gerade optische Teleskope lassen sich nur im antarktischen Winter nutzen, wenn der siebte Kontinent besonders unwirtlich ist. Außerdem werden optische Beobachtungen wie in der Nordpolarregion unseres Planeten durch die Polarlichter behindert, die regelmäßig am Südpolhimmel auflodern. Sie sind zwar faszinierend anzusehen, verschleiern jedoch den Blick auf den dahinterliegenden Sternenhimmel.

Radioteleskope hingegen lassen sich das ganze Jahr über betreiben, auch während des Polartags. Direkt am geografischen Südpol steht das South Pole Telescope, ein Radioteleskop mit zehn Metern Durchmesser, das den Himmel im Bereich der Mikrowellen sowie der Millimeter- und Submillimeterwellen untersucht. Es kartiert unter anderem Schwankungen in der allgegenwärtigen kosmischen Hintergrundstrahlung. Sie stammt noch aus der Zeit, als der Kosmos vor mehr als 13 Milliarden Jahren erstmals durchsichtig wurde, und wird auch als das Echo des Urknalls bezeichnet oder als ältestes Licht der Welt. Im Laufe der Äonen hat sich die damals extrem heiße Strahlung durch die Ausdehnung des Universums heute auf frostige – 270 Grad Celsius abgekühlt,

China betreibt in der Nachbarschaft zum Dome A die Kunlun-Antarktisstation. Die Region bietet herausragende astronomische Beobachtungsbedingungen.

nur noch rund drei Grad über dem absoluten Nullpunkt der Temperatur.

Das South Pole Telescope fahndet nach fernen, großen Galaxienhaufen, die sich als Schatten in der kosmischen Hintergrundstrahlung abzeichnen. Damit versucht es unter anderem, die mysteriöse Dunkle Energie zu erkunden, eine rätselhafte Kraft, die das Universum offensichtlich immer schneller auseinandertreibt. Die Natur der Dunklen Energie ist völlig ungeklärt. Aber aus dem Urknallecho lässt sich ablesen, dass es sie gibt. Außerdem untersucht das South Pole Telescope sehr weit entfernte Radio- und Infrarotgalaxien und war Teil des großen Verbunds von Radioteleskopen quer über den Globus, die 2017 zum virtuellen »Event Horizon Telescope« zusammengeschaltet wurden, um das erste Bild eines Schwarzen Lochs aufzunehmen.

Das größte Observatorium der Antarktis ist hingegen an der Oberfläche gar nicht zu sehen. Das IceCube-Neutrinoteleskop liegt bis zu 2500 Meter unter der antarktischen Eisdecke. Und es beobachtet auch nicht den südlichen Sternenhimmel, sondern

schaut durch die Erde hindurch nach Norden. Ein internationaler Verbund von Astrophysikerinnen und Astrophysikern hat dazu einen kompletten Kubikkilometer des ewigen Eises am Südpol mit extrem empfindlichen Lichtsensoren versehen.

Geisterhafte Elementarteilchen

Mehr als 5000 dieser Sensoren sind an 86 Stahltrossen 1,5 bis 2,5 Kilometer tief im Eis versenkt worden. Dort spähen sie nicht nach Strahlung aus dem Kosmos, sondern sie lauern auf fast masselose Elementarteilchen aus den Tiefen des Alls, sogenannte Neutrinos. Neutrinos gehören zu den fundamentalen Bausteinen unserer Welt, den Elementarteilchen. Allerdings sind sie sehr flüchtig und durchdringen nahezu geisterhaft Wände, Berge und selbst ganze Planeten. Nur ganz selten stößt ein Neutrino dabei zufällig auf ein anderes Teilchen und löst eine Reaktion aus.

Im Weltall werden Neutrinos in rauen Mengen produziert: Allein von unserer Sonne fliegen jede Sekunde rund sechs Milliarden Neutrinos durch eine Fläche so groß wie ein Daumennagel. Insgesamt durchdringen 100 Billionen Neutrinos pro Sekunde unbemerkt unseren Körper. Und dennoch interagiert im Schnitt nur alle 100 Jahre eines davon mit einem unserer Moleküle und Atome. Daher benötigt man einen sehr großen Detektor für die Suche nach Neutrinos.

Doch der Aufwand lohnt sich: Neutrinos kommen aus Bereichen, die für Licht undurchdringlich sind, und können so einmalige Informationen liefern. Wenn beispielsweise ein Stern als Super-

Das South Pole Telescope ist ein Zehn-Meter-Radioteleskop an der Amundsen-Scott-Antarktisstation der USA am geografischen Südpol. Seine Hauptaufgabe ist die Erforschung der rätselhaften Dunklen Energie *(links und oben)*.

nova explodiert, wird das Licht aus dem Explosionszentrum von der dichten umgebenden Materie ständig wieder geschluckt und neu ausgesendet. Der Lichtblitz der Supernova benötigt auf diese Weise Stunden bis zur Oberfläche des explodierenden Sterns, und Informationen aus dem Zentrum gehen dabei verloren. Neutrinos hingegen verlassen das Explosionszentrum und den sterbenden Stern ungehindert auf direktem Weg. Über die Beobachtung solcher Neutrinos lässt sich also bis ins Herz explodierender Sonnen blicken.

Vorbote des Supernova-Blitzes

1987 wurde in einer der Begleitgalaxien unserer Milchstraße, der Großen Magellanschen Wolke, eine Supernova registriert. Schon drei Stunden bevor der Lichtblitz sichtbar wurde, schlugen damals verschiedene Neutrinodetektoren auf der Erde an, die für ganz andere, irdische Forschungszwecke in Betrieb waren. Dabei gelang es erstmals, von einer Supernova stammende Neutrinos zu messen. Da die Detektoren sie allerdings nur zufällig aufgefangen hat-

ten und für andere Fragen ausgelegt waren, konnten sie das Spektrum nicht vollständig erfassen. Immerhin bestätigte die Beobachtung die Theorie, dass ein wesentlicher Teil der Energie einer Supernova in Form von Neutrinos abgestrahlt wird.

IceCube späht nach noch viel gewaltigeren Ereignissen in der Tiefe des Kosmos. Mit dem Riesendetektor haben Forscherinnen und Forscher etwa Neutrinos aus dem Zentrum aktiver Galaxien nachgewiesen, sogenannter Blazare, die von gigantischen Schwarzen Löchern angetrieben werden oder von Gezeitenkatastrophen, in denen ein unglückseliger Stern einem Schwarzen Loch zu nahe gekommen ist und von dessen gigantischer Schwerkraft regelrecht zerrissen wurde.

Ein einziges kosmisches Neutrino aus einem solchen Ereignis kann dabei so viel Energie haben wie ein scharf geschmetterter Tischtennisball. Das klingt vielleicht nicht nach sehr viel, aber ein Tischtennisball besteht aus rund 2400 Milliarden Billionen Teilchen, von denen jedes mindestens eine Million bis eine Milliarde Mal schwerer ist als ein Neutrino.

Schneller als das Licht

Diese vergleichsweise gigantische Energie, konzentriert in einem einzigen subatomaren Elementarteilchen, ermöglicht die verblüffende Nachweismethode des eisigen Observatoriums. Fast alle dieser enorm energiereichen Neutrinos fliegen unbemerkt durch das antarktische Eis, durch die gesamte Erde und durch Sterne und Galaxien hindurch. Trifft eines jedoch zufällig auf ein Atom im Eis, löst es eine Kettenreaktion aus: Die Bruchstücke des zerschmetterten Eisatoms stoßen gegen die nächsten Atome und deren Bruchstücke wieder gegen die nächsten. So entwickelt sich eine Lawine schneller Atombruchstücke, die wegen der hohen Energie, die dabei im Spiel ist, schneller durch das Eis rasen als das Licht.

Diese Teilchenlawine kann zwar nicht die Lichtgeschwindigkeit im Vakuum übertreffen. Das ist nach Albert Einsteins Relativitätstheorie die absolute obere Geschwindigkeitsgrenze. In Materie wie Luft, Eis oder auch Glas ist die Lichtgeschwindigkeit aber etwas niedriger als im Vakuum – das ist der Grund, warum Brillen, Ferngläser und andere optische Geräte funktionieren. Und daher können sich Teilchen in solchen Medien unter extremen Bedingungen schneller bewegen als das Licht es dort kann.

Auf ihrem überlichtschnellen Flug durchs Eis produzieren die Teilchen etwas Ähnliches wie den Überschallknall eines Flugzeugs: Es kommt zu einem bläulichen Leuchten, das nach seinem Entdecker Tscherenkow-Licht heißt. Dieses Licht können die Sensoren

Milchstraße und Südlichter ziehen über das IceCube-Laborgebäude in der Antarktis *(vorhergehende Doppelseite)*. **Ein Detektormodul** wird im Eis versenkt *(links)*. **Künstlerische Darstellung** des IceCube-Detektors im ewigen Eis der Antarktis *(oben)*.

von IceCube in dem sonst vollständig finsteren unterirdischen Eis der Antarktis nachweisen. Da solche Teilchenlawinen auch von anderen energiereichen Elementarteilchen aus dem Kosmos ausgelöst werden können, beobachtet IceCube vorzugsweise Richtung Norden, wo die massive Erde den sonstigen Teilchenhagel aus dem Kosmos vollständig abschirmt und nur noch Neutrinos durchkommen.

Die Neutrino-Astronomie ist ein noch junges, aber spektakuläres Forschungsgebiet. Sie öffnet ein vollkommen neues Fenster ins All und verspricht Einblicke auf einem Weg, der ganz unabhängig ist von der üblichen Beobachtung elektromagnetischer Strahlung verschiedener Wellenlängen wie etwa Licht und Radiowellen. Da für den Nachweis der Neutrinos ein sehr großes Volumen aus durchsichtigem Material nötig ist, bietet die Antarktis mit ihrem kilometerdicken Eispanzer auch dafür einzigartige Beobachtungsbedingungen.

UNSICHTBAR UND RÄTSELHAFT

DUNKLE MATERIE IN UNSEREM UNIVERSUM

Der Blick zum Nachthimmel zeigt: Das Weltall ist im Wesentlichen dunkel. Was wir dabei aber nicht wahrnehmen können: Sämtliche Sterne, die am Firmament funkeln, alle Galaxien, Planeten und Kometen, die wir sehen, und alle, die wir nicht sehen, alle Menschen und mögliche Außerirdische, alle Tiere und Pflanzen, einfach alle Dinge im All machen gerade einmal 4,9 Prozent des Inhalts unseres Universums aus. Denn all dies besteht aus der uns vertrauten, »normalen« Materie.

Mit einem Anteil von 26,8 Prozent am Gesamtinhalt des Universums ist die rätselhafte Dunkle Materie mehr als fünfmal so häufig. Sie interagiert prinzipiell nicht mit Licht und ist daher unsichtbar. Ihre Schwerkraft macht sich aber durchaus bemerkbar. So hält diese beispielsweise große Galaxien zusammen, die so schnell rotieren, dass sie ohne die zusätzliche Schwerkraft der Dunklen Materie auseinanderfliegen müssten.

Allem Anschein nach besteht die Dunkle Materie aus bislang unbekannten Elementarteilchen. Das könnten sehr schwere Teilchen sein, die sich wegen ihrer großen Masse bislang der Entdeckung an Teilchenbeschleunigern entzogen haben, mit denen Physikerinnen und Physiker üblicherweise neue Teilchen erzeugen und entdecken. Oder es handelt sich um Myriaden sehr leichter Teilchen, die so wenig wechselwirken, dass sie allen Nachweisgeräten bislang entgangen sind. Die Fahndung läuft auf beiden Seiten. Noch gibt es kein schlüssiges Indiz.

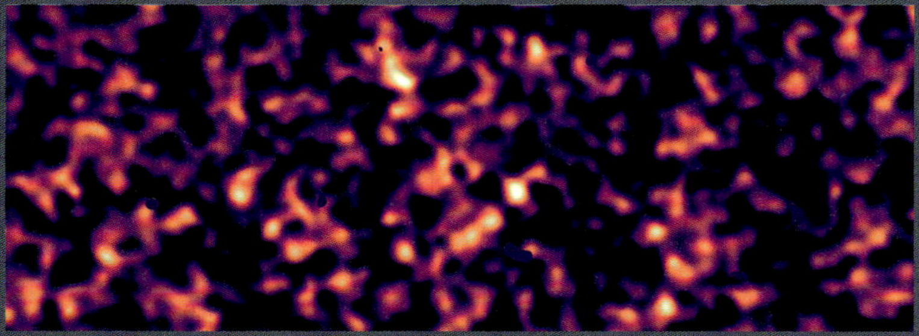

Bild: Kilo-Degree Survey Collaboration/H. Hildebrandt & B. Giblin/ESO

Unendliche Weite?

Noch viel rätselhafter ist allerdings die Dunkle Energie, die mit 68,3 Prozent den Löwenanteil am Inhalt des Universums stellt. Der US-Astronom Edwin Hubble hatte Anfang des 20. Jahrhunderts entdeckt, dass der Kosmos sich ausdehnt und wächst wie ein Hefekuchen, sodass sich jeder Punkt von jedem anderen entfernt. Zunächst nahm man an, dass dieses Wachstum eine Folge des Urknalls (Big Bang) ist und mit der Zeit langsam durch die Schwerkraft der Sterne und Galaxien abgebremst wird, vielleicht sogar zum Erliegen kommt und sich umkehrt, bis das Universum in einem Big Crunch (eine Art großes Zusammenkrachen) endet.

Dann entdeckten Forscherinnen und Forscher zum Ende des 20. Jahrhunderts jedoch, dass sich die Ausdehnung des Weltalls keineswegs verlangsamt, sondern seit einiger Zeit sogar noch beschleunigt! Das zeigte die Untersuchung von Supernova-Explosionen in fernen Galaxien über sehr große Distanzen hinweg. Der Blick in die Tiefe des Kosmos ist stets auch ein Blick zurück in der Zeit, da beispielsweise das Licht einer zwei Milliarden Lichtjahre entfernten Galaxie zwei Milliarden Jahre zu uns unterwegs war. Wir sehen die Galaxie also in einem zwei Milliarden Jahre jüngeren Universum. Und damals war die Ausdehnung des Weltalls überraschenderweise noch ein wenig langsamer als heute.

Als Ursache dafür sehen die Wissenschaftlerinnen und Wissenschaftler die mysteriöse Dunkle Energie. Worum es sich dabei handelt, ist im Moment noch völlig unklar. Über die Analyse der

Bild: Kilo-Degree Survey Collaboration/A. Tudorica & C. Heymans/ESO

kosmischen Hintergrundstrahlung lässt sich aber immerhin der Anteil der Dunklen Energie im Universum bestimmen. Wie es mit der Ausdehnung des Weltalls weitergeht, ist ebenso unsicher. Es könnte sein, dass sich die Ausdehnung immer weiter beschleunigt und der Kosmos schließlich in einem Big Rip, einem »großen Zerreißen«, endet.

Die Verzerrung des Lichts einer Gruppe ferner Galaxien zeigt, dass diese rund 30-mal mehr unsichtbare Dunkle Materie (pink) enthalten muss als sichtbare Materie *(oben)*. **Verteilung der Dunklen Materie** in einem kleinen Himmelsausschnitt, rekonstruiert aus dem Licht von mehr als drei Millionen Galaxien *(links)*. **Südlichter** und die große Magellansche Wolke über dem Red-Rocks-Strand im Süden von Wellington/Neuseeland (folgende Doppelseite).

ZUR FOTOGRAFIE

LEIDENSCHAFT FÜR DIE ASTROFOTOGRAFIE

EIN MAKING-OF

Die Wüste, wie hier das Wadi Rum in Jordanien, bietet mit ihrer trockenen Luft Astrofotografen besondere Bedingungen *(vorhergehende Seite)*. **Eine spezielle** Form der Kunst: nicht mit bloßem Auge erkennbar, aber doch real *(rechts)*! **Durch die Verwendung** eines extrem lichtempfindlichen Sensors haben wir die Möglichkeit, in eine magische neue Welt einzutauchen *(oben)*.

Was mich an der Landschafts- und Nachtfotografie besonders fasziniert, ist das Zusammenspiel zwischen technischem Verständnis, Abstraktion und Kreativität in Kombination mit der Möglichkeit, unsere Welt zu entdecken. Momentan lebe ich meinen Traum. Ich reise als Sony Europe Imaging Ambassador mit meiner Kamera um die Welt, um fantastische Momente in der Natur einzufangen und zugleich Kunst nur mithilfe unserer fantastischen Mutter Erde zu kreieren.

Entdecke die Nacht

In den vergangenen Jahren habe ich mich speziell der Nacht- und Astrofotografie gewidmet. Ich arbeite seit rund fünf Jahren an meinem Projekt »Entdecke die Nacht«, das nun Grundlage dieses Buches ist. Mit diesem Projekt möchte ich meine Faszination für unseren Nachthimmel teilen. Es liegt mir am Herzen, Menschen die Wunder unserer Natur, in diesem Fall der Nacht, näherzubringen und diese bewusst zu erleben. Durch die zunehmende Urbanisierung und die damit verbundene Lichtverschmutzung wird der ungetrübte Blick auf die Sterne für die meisten Menschen bald der Vergangenheit angehören. Ich möchte die Magie der Nacht mithilfe der Fotografie für andere Menschen konservieren und sie dazu motivieren, einfach mal nachts nach draußen zu gehen und unsere Natur zu entdecken!

Das perfekte Sternenwetter

Die moderne Fotografie mit rauscharmen Vollformatsensoren ermöglicht einen unglaublich hohen Dynamikumfang auch bei sehr langen Belichtungszeiten und hohen ISO-Werten. Damit ist es möglich, auf eine einzigartige Weise in eine wunderschöne Welt

» Jede Landschaft hat ihre eigene, besondere Seele, wie ein Mensch, dem du gegenüber lebst. «

Christian Morgenstern

zu blicken. Zusätzlich lässt sich der Dynamikumfang durch digitale Bildverarbeitungstechniken, wie die Überlagerung mehrerer unterschiedlicher Belichtungen, verbessern, was zu spektakulären Aufnahmen unseres Nachthimmels führt.

Die Astrofotografie lässt sich in zwei Bereiche unterteilen: zum einen in die Astro-Landschaftsfotografie, bei der man versucht, den Nachthimmel mit seinen astronomischen Phänomenen wie der Milchstraße, den Nordlichtern oder Sternbildern ästhetisch mit der Landschaft zu kombinieren. Zum anderen gibt es die Deep-Sky-Fotografie, bei der es darum geht, Objekte des Universums wie Sterne, Planeten, Monde, Nebel oder Supernova-Überreste aufzunehmen.

Grundlage für beide Bereiche ist akribische Planung. Um Sterne fotografieren zu können, muss man diese bestmöglich sehen. Es gibt fünf Faktoren, die das perfekte Sternenwetter definieren.

Astronomische Nacht

Neumond

Keine Wolken

Fernab von jeglicher Zivilisation

Zur richtigen Jahreszeit am richtigen Ort

Um ein Milchstraßenfoto zu planen, stelle ich mir zuerst die Frage, wann und wo ich die Milchstraße sehen kann. Wir sehen nur einen bestimmten Abschnitt des Sternenhimmels, abhängig von der Eigenrotation der Erde (Tagesverlauf) und der Rotation um die Sonne (Jahresverlauf). Auf der Nordhalbkugel ist das Zentrum zwischen April und August am besten zu sehen.

Als Faustregel gilt: tief am Horizont stehendes Milchstraßenzentrum im Frühjahr, hoch stehendes Milchstraßenzentrum im Hochsommer, tief stehendes Zentrum im Herbst. Auf der Südhalbkugel verlängert sich der Zeitraum von März bis September. Dabei helfen Apps wie *PhotoPills* oder *Stellarium*, welche den Milchstraßenverlauf zu einer bestimmten Zeit an einem bestimmten Ort anzeigen. Ich bin zum Beispiel im Frühjahr (Ende März) nach Namibia (Südhalbkugel) geflogen, um eine tief am Horizont stehende Milchstraße vorzufinden, da sich diese zu einem atemberaubenden Panorama zusammenfügen lässt (siehe Bild S. 216). Dazu später mehr.

Als Nächstes geht es an die Minimierung störender Einflüsse. Was stört in der Astrofotografie? Natürlich die Lichtverschmutzung, verursacht durch uns Menschen. In einer Stadt sieht man viel weniger Sterne als in der Wüste. Ich versuche mir also einen Ort zu suchen, der fernab von jeglicher Zivilisation liegt, um die Sterne so gut wie möglich zu sehen. Dabei helfen mir Lichtverschmutzungskarten wie sie beispielsweise auf www.darksitefinder.com zu finden sind. In ganz Mitteleuropa lässt sich der Sternenhimmel wegen der Urbanisierung nicht mehr gut beobachten. Infolgedessen haben Organisationen wie die Dark Sky Association spezielle Lichtschutzgebiete gegründet. In diesen wird auf minimale Lichtverschmutzung, zum Beispiel durch das Ausschalten der nächtlichen Straßenbeleuchtung geachtet. Ein Beispiel in Deutschland ist der Sternenpark Westhavelland in Brandenburg. Wer also in die Astrofotografie hineinschnuppern möchte, ohne Mitteleuropa zu verlassen, fährt am besten dorthin. Wer die dunkelsten Orte unserer Erde sucht, sollte sich in Wüsten (wenig besiedelte Gebiete) und/oder auf hohe Berge (oberhalb jeglicher Lichtverschmutzung) begeben. Am konkreten Beispiel Namibia habe ich mir den Köcherbaumwald in der Kalahari-Wüste ausgesucht.

Der nächste störende Einfluss ist der Mond, der von der Sonne angestrahlt wird, dabei das Licht auf die Erde reflektiert und so eine gute Sternenbeobachtung und -fotografie nahezu unmöglich macht. Es ist daher zu empfehlen, den Sternenhimmel bei Neumond zu fotografieren. Ich schaue mir also bei meiner Planung den Mondkalender an und reise vorwiegend zu Neumond (Faustregel: +/− 5 Tage).

Zusätzlich stört eine aufgehende beziehungsweise untergehende Sonne die Astrofotografie. Auch wenn die Sonne unter dem Horizont steht, sieht man bei den hochempfindlichen Kameras das Restlicht. Nacht ist also nicht gleich Nacht. Es empfiehlt sich abzuwarten (Faustregel: +/− 2 Stunden vor beziehungsweise nach Sonnenaufgang oder Sonnenuntergang), bis die astronomische Nacht erreicht ist, also wenn die Sonne mindestens 18 Grad unter dem Horizont steht.

Das Wichtigste, aber auch das nahezu Unplanbare zum Schluss: Das Wetter muss passen! Wenn Wolken den Sternenhimmel bedecken, nützt der dunkelste Ort oder die beste Kamera nichts. Es hilft also, den Wetterbericht, speziell die Bewölkung, vorher zu überprüfen. Da sich das Wetter nicht Wochen im Voraus vorhersehen lässt, gilt die Wetterplanung als letzter Schritt. Ich checke die Bewölkung am Vortag oder am Vormittag und fahre dann zu einem geeigneten Spot. Wenn alles bewölkt ist, hat man Pech. Der Grundzustand eines jeden Astrofotografens. Natürlich gibt es Gebiete, wo es grundsätzlich weniger Wolken gibt. Deshalb habe ich mir eine Wüste in Namibia ausgesucht, da es in Wüsten bekanntlich wenig regnet und somit eine hohe Wahrscheinlichkeit für die Sternenbeobachtung besteht.

Die Nacht ist gekommen

Meine Idee war es also, die Milchstraße als Panorama in der Wüste Namibias einzufangen. Die Location sowie der perfekte Zeitraum sind gefunden. Jetzt fehlt nur noch eine Kamera.

Für die Astrofotografie ist ein rauscharmer, lichtsensitiver Sensor mit viel Dynamik zu empfehlen. In der Nacht kommt nur sehr wenig Licht auf den Sensor, somit ist es von Vorteil, die Fläche des Sensors zu erhöhen, um so viel Licht wie möglich einzusammeln. Vollformatkameras haben eine um das 2,6-Fache größere Sensorfläche als gängige APS-C-Kameras. Somit eignen sich diese Kameras hervorragend für die lichtschwache Astrofotografie. Gerne werben Kamerafirmen damit, dass hohe Auflösung mit viel Megapixeln gut ist. Doch in der Astrofotografie gilt: Auflösung ist nicht unbedingt förderlich! Kameras werden pixelweise ausgelesen und je mehr Pixel ein Sensor hat, desto geringer ist deren Größe. Somit gelangt auch weniger Licht auf jeden Sensor und das sichtbare Rauschen erhöht sich relativ. Es eignen sich also Kameras mit weniger Megapixeln. Ein Bereich von 12 bis 30 MP ist gut geeignet. Natürlich entwickeln sich Sensoren weiter und eine höhere Quanteneffizienz führt zu besserem Rauschen auch bei höherer Auflösung. Deshalb ist meine Faustregel auch nur begrenzt gültig. Für Namibia habe ich eine Sony A7s Kamera benutzt. Eine Vollformatkamera mit nur 12 Millionen Pixeln.

Jetzt brauchen wir noch ein Objektiv beziehungsweise eine Linse. Um die Landschaft inklusive des Sternenhimmels einzufangen, ist ein großer Blickwinkel vorteilhaft. Weitwinkelobjektive mit einer Brennweite im Bereich von 12 bis 24 mm besitzen diese Eigenschaft. Außerdem muss die Linse sehr lichtstark sein. Je größer die Blendenöffnung ist (Blendenzahl F), desto mehr Licht gelangt auf den Sensor. Linsen im Bereich von < F/2.8 sind »astrotauglich«. Ich habe für Namibia ein 14-mm-Objektiv mit einer Blendenzahl von F/1.8 verwendet.

Da wir in der Nacht so viel Licht wie möglich einfangen wollen, sind lange Belichtungszeiten notwendig. Deshalb ist ein Stativ für die Astrofotografie unbedingt erforderlich.

Jetzt haben wir die Ausrüstung beisammen, und um nachts nicht planlos umherzuirren, schauen wir uns die Gegend, also den Köcherbaumwald in Namibia, bei Tag an, in Fotografensprache *Scouting* genannt. Ich nutze hier oft den Sonnenuntergang und die Blaue Stunde. Wir suchen nach interessanten Objekten und Spots, bei denen sich der Vordergrund schön mit der Milchstraße kombinieren lässt. Es sind mir zahllose Köcherbäume aufgefallen, über die sich die Milchstraße besonders schön einfangen lässt. Apps wie *PhotoPills* zeigen die Milchstraße in einer Art virtuellen Realität in der Smartphone-Kamera an, was enorm beim *Scouting* hilft. Hat man einen für sich interessanten Ort gefunden, lässt sich dieser einfach über Google Maps markieren.

Die Nacht bricht herein und wir stehen am richtigen Ort, bei perfekten Bedingungen und ausgerüstet mit Kamera, Objektiv und Stativ. Damit man die Knöpfe an der Kamera nachts auch bedienen kann, empfiehlt es sich, immer eine Stirnlampe bei sich zu haben. Bei den Einstellungen hilft das Histogramm. Dieses gibt Auskunft über die Helligkeit. Wir wollen ein Histogramm, bei dem keine Bereiche zu dunkel oder zu hell belichtet (abgeschnitten)

Beim Scouting zum Sonnenuntergang sind mir unzählige Köcherbäume aufgefallen, welche sich perfekt während der Nacht mit der Milchstraße kombinieren lassen.

Serie der Einzelbilder des Panoramas aus dem Köcherbaumwald in Namibia

sind. Da während der Nacht nur wenig Licht auf den Sensor trifft, bräuchten wir Belichtungszeiten von mehreren Minuten bei dem rauschärmsten und dynamikstärksten ISO (Sensorverstärkung) von 100. Da die Erde rotiert, werden unsere punktförmigen Sterne zu Strichen, und uns bleibt nichts anderes übrig, als mit der Sensorverstärkung nach oben zu gehen. Ich empfehle dabei einen ISO-Bereich von 3200 bis 6400. Die Belichtungszeit beträgt dann zwischen 15 bis 30 Sekunden bei offener Blende. Der Fokus erfolgt auf die Sterne. Im konkreten Fall des Namibia-Panoramas habe ich folgende Einstellungen gewählt: 30 s, ISO 5000, F/1.8.

Wir haben nun das korrekt belichtete Einzelbild und wollen anschließend ein Panorama mit extrem großem Bildwinkel (< 180°) erstellen. Dies besteht aus mehreren Einzelaufnahmen am gleichen Ort bei unterschiedlichen Bildwinkeln. Es empfiehlt sich dabei, einen Panoramakopf am Stativ mit integrierter Wasserwaage zu verwenden, welcher eine horizontale Bewegung ohne gleichzeitige vertikale Bewegung zulässt. Bei der Erstellung eines Panoramas drehen wir also unsere Kamera von links nach rechts. Um erfolgreich das Panorama zusammenzufügen, brauchen wir eine Überlappung zwischen den einzelnen Fotos, also einen Bereich, der sich überschneidet. Sonst weiß die später verwendete Software nicht, welches Bild wohin gehört. Ich empfehle eine Überlappung von 30 bis 50 Prozent. Oben sind die Einzelaufnahmen für das Panorama im Köcherbaumwald abgebildet. Ich hab die Fotos im Hochkantformat aufgenommen, da so ein harmonisches Bildformat entsteht. Fotografiert man nur eine Reihe im Querformat, so entsteht ein sehr breites, aber nicht sonderlich hohes Panorama. Infolgedessen habe ich mich entschieden, eine zusätzliche Reihe für den Vordergrund aufzunehmen. Das Panorama besteht aus 14 Einzelbildaufnahmen, jeweils sieben Bilder in zwei Reihen. Die Gesamtbelichtungszeit war also 14x30 Sekunden, also sieben Minuten. Es ist schön zu erkennen, wie die ganze Milchstraße eine Art Bogen über den Köcherbäumen Namibias bildet.

Einzelbildaufnahme im Köcherbaumwald: Die Milchstraße sowie der Vordergrund sind nicht unter- oder überbelichtet. Einstellungen: Sony A7s, 14 mm, 30 s , F/1.8, ISO 5000.

Zu Hause angekommen

Mit beeindruckenden Aufnahmen im Gepäck erfolgt nun die Nachbearbeitung der Fotos. Um das Panorama erfolgreich zusammenzusetzen, empfehle ich die geläufige Software Adobe Lightroom.

Zusammengefügtes unbearbeitetes Panorama *(oben)* und bearbeitetes Panorama *(unten)*. Die Milchstraße steht tief am Horizont, sodass wir einen »Milchstraßenbogen« mithilfe eines Panoramas aufnehmen können. **Mit dem Auto** durch die größte Salzwüste der Welt in Bolivien – ein schwieriges und gefährliches Abenteuer *(rechts)*.

Die Bearbeitung ist rein subjektiv und man sollte die Bilder so bearbeiten, wie es einem persönlich am besten gefällt. Meine Tipps:

- Objektivkorrektur anschalten, um die Vignettierung zu entfernen
- Bild in Abhängigkeit von Kompositionsregeln zuschneiden
- Der Weißabgleich liegt zwischen 3000 und 4000 K
- Tiefen und Kontrast erhöhen
- Lichter reduzieren
- Dynamik leicht erhöhen
- Vordergrund und Himmel separieren und getrennt bearbeiten
- Rauschentfernung über Luminanz-Rauschreduzierung

Ich hoffe, ich konnte mit diesem Buch einen kleinen Einblick in die Magie der Astrofotografie geben. Abschließend bleibt nur noch eins zu sagen: Entdeckt die Nacht!

Stefan Liebermann

PATROL
PROFESSIONAL OVERLAND EXPEDITIONS

MITWIRKENDE FOTOGRAFEN

ROYCE BAIR ist seit drei Jahrzehnten professioneller Fotograf für Zeitschriften und illustrative Werbung. Es macht ihm Freude, anderen Fotografen durch seine Schriften, internationalen Vorträge und Workshops zu helfen, ihre Visionen zu verwirklichen.

Als ehemaliger Inhaber und Kurator einer Fotogalerie hat Royce Bair zahlreichen Fotografen geholfen, ihre Kunstfotografie zu präsentieren und zu verkaufen. In den letzten Jahren hat er sich als einer der ersten Fotografen auf einen neuen Stil der Nachtfotografie konzentriert, den er NightScapes nennt: sternenklare Nachthimmel mit einem einzigartigen Landschaftsmotiv. Seine einzigartigen Astro-Landschaften wurden durch die *Huffington Post* weltweit verbreitet, und er ist der Autor des Buches *Milky Way NightScapes*.

MIGUEL CLARO wurde 1977 im Norden Portugals geboren und lebt heute in Alqueva, Alentejo. Er ist Fotograf, Autor und Wissenschaftskommunikator im Bereich der Astronomie. Er fördert die wissenschaftliche Verbreitung der Astronomie durch öffentliche Vorträge, Sternbeobachtungen, Artikel, Ausstellungen und Workshops zur Astrofotografie. In den letzten Jahren hat er sich auf die astronomische Fotografie von Landschaften oder Skyscapes spezialisiert – ein Konzept, das eine Verbindung zwischen dem Nachthimmel und den Elementen auf der Erde herstellt, das architektonische, kulturelle und landschaftliche Erbe wertschätzt und das Universum, das voller Sterne ist, aber heutzutage von den meisten Menschen unbemerkt bleibt, auf pädagogische und wissenschaftliche Weise näherbringt.

GIULIO COBIANCHI ist ein professioneller Landschaftsfotograf mit einer besonderen Vorliebe für Abenteuer in der Wildnis und unter dem Nachthimmel. Aus diesem Grund beschloss er, in das Herz des Polarkreises, auf die Lofoten, zu ziehen, wo er seine große Leidenschaft ausleben kann. Er unterrichtet Fotografie, indem er Workshops auf der ganzen Welt organisiert.

MARK GEE ist ein preisgekrönter Fotograf, Zeitrafferfilmer und Experte für visuelle Effekte aus Wellington, Neuseeland. Als Autodidakt begibt sich Mark an die dunkelsten und entlegensten Orte im In- und Ausland und genießt die Herausforderung, beeindruckende Landschaften mit der Schönheit des Nachthimmels auf neue, kreative Weise zu kombinieren.

Im Jahr 2013 gewann Mark den prestigeträchtigen Preis Astronomy Photographer of the Year. Seitdem hat er seine Liebe zum Nachthimmel in verschiedenen öffentlichen Vorträgen und Präsentationen, darunter TedX, sowie in Astrofotografie-Workshops weitergegeben.

ROI LEVI ist ein weltbekannter Astro- und Landschaftsfotograf, dessen Arbeiten international ausgezeichnet wurden. Seine Werke wurden in Japan ausgestellt und werden derzeit im Toten Meer in Israel gezeigt und können so von Millionen von Besuchern bestaunt werden.

Roi Levi hält Astrofotografie-Vorträge und gibt Astrofotografie-Workshops in der ganzen Welt, so zum Beispiel bei der Austin Astronomical Society in Texas oder an dunklen Orten im Westen der USA, in Israel und an vielen weiteren globalen Workshop-Standorten in den extremsten und abgelegensten Ecken des Planeten Erde.

DEREK STURMAN ist ein Landschaftsfotograf aus dem Westen der Vereinigten Staaten, der sich auf das Fotografieren der Milchstraße und abgelegener Orte mit dunklem Himmel konzentriert.

REGISTER

Sach- und Personenregister

Ortsregister

Bildnachweis: Alle Bilder stammen von Stefan Liebermann, außer S. 18 (o. l.): JoJan, Wikimedia Commons; Picture Alliance/ DPA: S. 18 (o. r.) (Hendrik Schmidt), S. 197 (Xinhua News Agency), S. 198, S. 199 (Steffen Richter); S. 34/35, 36, 42/43: Giulio Cobianchi; S. 58/59: Roi Levi; Mauritius Images: S. 66/67 (Stefan Wackerhagen), S. 68 (John Hyde), S. 69 (Kevin G. Smith), S. 70/71 (Robert Postma); Shutterstock: S. 72 (Vector FX); S. 125, 186–189: Miguel Claro; S. 138/139: Royce Bair; S. 140, 142, 143, 146, 147: Derek Sturman; IceCube/NSF: S. 195, 200/201 (Martin Wolf), S. 202 (Mark Krasberg); S. 203: Science Communication Lab für DESY; S. 206/207: Mark Gee

Textnachweis: Alle Texte im Innenteil stammen von Till Mundzeck, außer S. 210–216: Stefan Liebermann.

IMPRESSUM

Verantwortlich: Carolin Buchberger, Joachim Hellmuth
Lektorat: Marianne Huber
Korrektorat: Simona Fois
Layout: BUCHFLINK Rüdiger Wagner
Umschlaggestaltung: Regina Degenkolbe
Herstellung: Bettina Schippel
Repro: Repro LUDWIG
Printed in Turkey by Elma Basim

★★★★★

Sind Sie mit diesem Titel zufrieden? Dann würden wir uns über Ihre Weiterempfehlung freuen. Erzählen Sie es im Freundeskreis, berichten Sie Ihrem Buchhändler, oder bewerten Sie bei Onlinekauf. Und wenn Sie Kritik, Korrekturen, Aktualisierungen haben, freuen wir uns über Ihre Nachricht an: Frederking & Thaler Verlag, Postfach 40 02 09, D-80702 München oder per E-Mail an lektorat@verlagshaus.de.

Unser komplettes Programm finden Sie unter

www.frederking-thaler.de

Alle Angaben dieses Werkes wurden von den Autoren sorgfältig recherchiert und auf den neuesten Stand gebracht sowie vom Verlag geprüft. Für die Richtigkeit der Angaben kann jedoch keine Haftung übernommen werden.

Umschlagvorderseite: Milchstraßenbogen über dem Köcherbaumwald in Namibia.
Umschlagrückseite: Felsformation in der Nähe der Spitzkoppe in Namibia.

S. 1: Über dem markanten Felsen *La Catedral* im Teide-Nationalpark auf Teneriffa leuchtet das Zentrum der Milchstraße.
S. 2/3: Der Bogen der Milchstraße spannt sich über eine Felsformation in der Nähe der Spitzkoppe in Namibia.
S. 4: Die Milchstraße über den Lavendelfeldern von Valensole in Frankreich.
S. 218/219: Diese Bäume im Namib-Nauklud-NaZonalpark sind seit mehr als 500 Jahren abgestorben.

Die Deutsche Nationalbibliothek verzeichnet diese Publikation in der Deutschen Nationalbibliografie; detaillierte bibliografische Daten sind im Internet über http://dnb.d-nb.de abrufbar.

ISBN 978-3-95416-387-3

Danksagung des Fotografen
Zuerst möchte ich mich beim Bruckmann Verlag für die Möglichkeit, meine Faszination in Worte und Bilder fassen zu dürfen bedanken. Es hat mir sehr viel Freude bereitet.
Ein besonderer Dank geht dabei an Carolin Buchberger, die alles phänomenal gemanagt und dabei nie den roten Faden aus dem Blick verloren hat.. Weiter möchte ich mich bei meiner Lektorin Marianne Huber sowie bei Elena Pollak bedanken.
Selbstverständlich gebe ich ein großes Dankeschön an Till Mundzeck. Deine Texte sind wunderbar zu lesen und machen das Buch zu dem, was es ist: Ein toller Blick in das Universum.
Ich möchte mich außerdem bei Derek Sturman, Giulio Cobianchi, Mark Gee, Miguel Claro, Roi Levi und Royce Bair bedanken. Danke für die Möglichkeit, eure wunderbaren Fotografien zeigen zu dürfen.
Natürlich möchte ich mich auch noch bei meiner Familie und Freunden bedanken, die mich auf meinen Weg unterstützt haben. Besonders bei André und Riccardo, mit euch habe ich die schönsten Momente erlebt. Der größte Dank gilt meiner Mutter. Danke, dass du jede freie Sekunde dafür genutzt hast, mir als Kind die Welt zu zeigen. Du hast meine Leidenschaft erweckt.

EBENFALLS ERHÄLTLICH:

ISBN: 978-3-95416-235-2